禅境

酒店

凤凰空间·天津 编

江苏凤凰科学技术出版社

序

无之无化
——禅宗、诗歌、绘画与东方空间

禅的本质，在于抵达和把握世界的存在，即所谓“真实在”。禅宗思想最初传播到中国时，是作为佛教的附着物；在中国传播过程中，融入了许多基于民族文化心理要素的道家思想。禅宗思想是中国禅师依据中国文化，吸取并改造印度佛教思想而形成的颇具创造性的成果。

禅宗思想并不喜欢在生活表面存在的复杂，认为生命本身是极其单纯的。如果用智力评测生命，那么，在分析的目光中，生命将显得无比错综复杂。即使使用支配科学的所有手段，现在仍然无法测知生命的神秘。生命的外表尽管错综复杂，但我们仍能理解它，并非从外部，而是从内部把握生命，这正是禅发掘到的东西。

佛寺通常建立在山林间，和“自然”有着密切的接触，自然而然地使人以亲切和同情之心，向自然学习。僧人观察草木、鸟、鱼、岩石、河流和其他被市井之人所忽略的自然之物。僧人观察的特殊之处，在于这种观察反映了他们的哲学，更确切地说，是深邃地反映了他们的直观感受，他们一定要进入所观察对象的生命之中。因此，无论描写什么东西，都表现了他们的直观感受，使人能体会到“山和云的精神”正在他们的作品中均匀地呼吸。

在建立小祇园之前，王世贞曾建过一座离薋园。因园子靠近县衙，喧嚣声扰乱了原本清净的环境，而且弥漫着世俗气息。后来，王世贞在隆福寺西寻到一块耕地，建了小祇园，古寺才是园林理想的邻居。祇园是佛祖说话之地，因此他将此园称为“小祇园”，表示倾向佛法，并建了一个藏经阁，在里面诵经清修。园林是其安身立命、精神寄托之地。现在，台北"故宫博物院"藏的《小祇园图》对当时的园林进行了对景描绘。在园林中，举凡小祇林、点头石、梵生桥、藏经阁、鹿室、竹林以及阁中的壁画，都是为了营造一种禅宗意境。

对许多中国古代的画家而言，庭园不仅成为他们画作的背景，同时也是很好的绘画题材。如果绘画是对真实的庭园做一种二维的描绘，那么，庭园无疑就是画中世界的立体呈现。中国的园林是一种真实的幻境，而对造园者来说，园林的设计常常遵循绘画的原则，精心设计的画面就像画家蒙住游人的眼睛带其在园中穿行。然而古代画家的绘画常常与诗歌与禅宗联系在一起。在唐代和宋代，中国的画家和士大夫经常去拜访僧人，禅宗的美学也通过诗歌和绘画的方法渗透到园林的空间营造之中。《园冶》的作者计成自幼学画，中年才改行造园。造园如画，如诗。园林的表现已经不再仅仅是眼前的一方水池、几块岩石或数个茅屋、数个亭榭，而是禅宗思想的物化。主人居在其中，精神也超越了真实世界，进入禅宗思想的氛围与冥想之中。

射箭大师演示射箭时就像在进行一场宗教洗礼，以轻松和漫不经心的动作作舞，多年的刻苦训练净化了身心，以一种轻松自如的力量“从精神上”拉开弓，并且“毫不紧张”地松开弦，让箭像“熟果子一样从弓箭手里落下”。当他达到完美的高度时，弓、箭、靶和弓箭手相互融合，他自己不射箭，而是“它”在为他射箭。

元朝至正二年(1342 年)，天如禅师在经历了 12 年的游历后，决定挂锡定居。天如禅师自幼信佛，又喜盘膝而坐。成年后礼拜天目山狮子岩中峰禅师，专习勤苦之事，终于修成正果。他决定挂锡后，买下苏州城东北的一块幽僻之地，营造修炼场所，包括画家倪瓒在内的许多著名文人前来支持。因园内“林有竹万，竹下多怪石，状如狮”，故得名“狮子林寺”。寺院建立后，天如禅师又因纪念中峰禅师及他自己在狮子岩修行的日子，取佛经中“狮子座”之意，故名为“狮子林”。明洪武六年（1373 年），元代四大画家之一 73 岁的倪瓒，（字元镇，号云林子），途经苏州，曾参与造园，并画有《狮子林图》。狮子林经倪瓒题诗作画后名声大振，成为佛家讲经说法和文人赋诗作画之地。号称赵州法道在传授禅教宗义时，不论弟子问他什么，他总是一句：“庭前柏树子”，意思是要参禅者从玄妙的暗示中自行体会。因这里原是僧人讲经说法之地，故取名“指柏轩”。

中国的空间艺术重视无色、空灵以及如梦如影的感受。空间在艺术手法上被虚灵化、节奏化，虚灵不昧方为真实生命。中国古代文人对园林艺术的审美境界与人格境界是紧密相关的，一片山水反映一片心灵的境界。空间本身就是人生的显现，园林之境、空间之境，标示人的意识所对的世界、人心构造的世界以及因象所观的世界。营造空间即造境，受禅的空灵精神的启发，是人的心灵中一个流动、虚灵的空间，而并非实有的世界，如空中之音、相中之色、水中之月、镜中之像，言有尽而意无穷。

“落花无言，人淡如菊”，无言就像孤独、空间中的空白、时间的断面，它的价值是永恒的，至少独立于生活、时间和逻辑之外。淡出尘世的羁绊，淡去知识的乱源。知识的活动是逻辑的、理智的，而诗是别样的形态。建筑中的空间如同诗歌，是无言的契合；它如无言的落花、无虑的清风、无思的明月，只是自然而然地运动。禅宗思想提倡不立文字，自性显露，关闭知识之阀，开启生命之眼，这样所看到的肯定是一个无言真美、自在自兴的世界。庄子说：“渊默而雷动，禅动而天随。”在无言的深渊中，有惊雷滚动的审美飞跃。无言之美，在中国传统美学中，被作为最高的美、绝对的美；无言之境，是人去除外在干扰后所进入的幽深生命的境界，是在非知识、非功利的体验中所激起的生命飞跃。

约翰·凯奇在《关于无的演讲》中说：“我无话可说，而我正在说它，那正是诗，就像我需要它。”在逻辑上没有意义的言论或问题仍然有其用途。禅宗公案表面上看来是无意义的问题和回答、研究和思考，但却具有启发作用，使人直接感知现实。禅宗公案可以具有意义，即使其意义在逻辑之外。温帕尔写道：“实证主义者在智力方面达到无的境界——而后屏蔽、远离它。佛教徒走向它，并且更进一步，将其运用于物质生活和非语言的层次。实证主义者获得了无的概念，佛教徒则领悟了其本质。”约翰·凯奇在《音乐的未来·信经》中指出：“当我们试图忽视噪音时，噪音令人烦躁，不过当我们侧耳倾听时，却发现它如此迷人。”凯奇所描述的聆听模式是和禅宗冥想联系在一起，这就是不受范畴、知识概念和内心欲望蒙蔽的意识。如果为实验性设计设定一个严格的定义，就是基于“结果无法预知”的行为而产生的设计，支持朝向意外事件和无法预测的过程的设计。

不过，我们只有在下面的情况下才无须担心，那就是意识到，无论有意还是无意，声音总会产生，并在这两种方式分离时把注意力转向无意产生的声音上。这一转折是在心理层面上的，初看还以为是放弃一些东西，对音乐家来说，就是对音乐的割舍。这种心理层面的转折将人们带入自然界，在此人们慢慢或突然意识到人类和自然并未分离，而是共存于这个世界。放弃了一切之后，也就不会再失去什么了。

明代画家李日题画诗云：“有耳不令着是非，挂向寒岩听泉落。”石涛在给八大山人的一幅画上题诗：“一念万年鸣指间，洗空世界听霹雳”，用耳朵去听，不着是非，不下判断，世缘空尽，无缚无系，将这双不染世念的耳朵向世界敞开聆听自然的音乐。我们一旦毫无畏惧地面对虚无这一事实，生活就会改变。

有一则闻无闻有的公案：

有一天，杜相国与无住禅师在客厅里谈话，忽然听到庭院的树上有只乌鸦拉高了嗓门在啼叫，杜相国问无住禅师：

“你听到乌鸦在叫吗？”

“听到了！”

紧接着，乌鸦展翅飞走了，庭院中恢复寂静，杜相国再问：

“你是否还听见鸦啼？”

“听得见！”

“乌鸦飞走了，已经没有了啼声，怎么说你还听得见鸦啼？”

无住禅师说：

“佛世难值，正法难闻，个个谛听。所谓闻有闻无，非关闻性，本来不生，何曾有灭？有声之时，是声尘自生，无声之时，是声尘自灭；而此闻性，不随声生，不随声灭；悟此闻性，则免声尘之所转，当只闻无生灭，闻无去来。”

公案是声、闻、色、尘、生、灭、有、无、悟、转、去、来等一连串思想的分析、研究、观察、演绎的过程。在这些过程中，去疑、去思、去悟，因微妙的智慧而圆满。如果舍弃这个过程，从问题发生的开始就标出答案，就不能获得觉悟。

禅宗思想是三种不同的哲学文化和固有风格的独特产物。在大约公元 1 世纪，当中国的思想与佛教这种形态的印度思想相接触时，形成了两方面平行的发展。佛经的翻译激励了中国的思想家，他们按照中国本来的思想体系解释印度佛陀的教义，引发了两种思想的汇集和交流。因此，禅宗思想同时反映了印度的神秘主义、道家的自然性和自发性以及儒家思想的实用主义。

禅宗思想的目的是为了达到一种醒悟，禅宗称之为“觉悟”。禅宗思想的独特之处在于它只注重这种体验，对任何进一步的解释都不感兴趣，不受一切固定信条的束缚，使它成为真正的超脱世俗。我们可以把禅宗思想描述为：“不立文字，教外别传，直指人心，见性成佛”。其觉悟并非意味着退避尘世，相反，是积极参与日常事务。“禅”所说的觉悟是指直接体验一切事物的佛性，首先是日常生活中的人、事和物的佛性。

因此，在禅宗思想强调生活的实际性时，仍然是十分神秘的。一个完全生活在现在达到觉悟的人，把注意力完全集中在日常事务上，在每一个动作里都能体验到生活的奇异和神秘。禅宗思想对自然性和自发性的强调无疑是来源于道家，但这种强调的依据却是佛教。无论茶道、书法、绘画要求的自然运动还是武士精神，都是禅宗生活的简单自然和绝对镇定的表现，它们都要求技艺上的完美，而只有超越了技艺，成为下意识的“无艺之艺”时，才是达到真正的精通。

禅门五家宗派中的临济宗势头最强劲，法脉最久远，其突兀的思维特征是保证其生命力的源泉。人们的思维往往会遵循一定的逻辑过程和推演方向，而人们的思维习惯和心理积累也会形成思维定式。这种思维惯性表现在对是与非、大与小、多与少 、来与去、人与我、一与异的执著想法上。在荒诞不经的对答之中，充满辩证精神。对禅宗思想而言，觉悟是对人们所固有的观念的破除，是破除“我执”“法执”后的大彻大悟。这种境界从平常的思维逻辑中是难以推导出来的。

自性，不是推演出来的，不是思维的结果，不是语言能描述的。成佛的自性与生俱来，但在后天却迷失了。它在追逐中迷失，在思索中迷失，而重新发现它要靠体悟。

有一则“非风非幡”的公案：

六祖风扬刹幡，有二僧对论：一云幡动，一云风动，往复曾未契理；祖云：“不是风动，不是幡动，仁者心动。”

慧能得出的结论完全超出了经验和常识的论域。慧能否定风动和幡动，而论定是“仁者心动”。在这个语境中，一切曾经有过的经验及其语言都失效了，存在的问题只是当下。风吹幡动这样一个本来属于客观世界的物理问题，慧能却可以把它视为纯粹视觉上的直观，并依“境随心转”的唯心思路，把它转移到禅宗的精神现象论域，把它视为自己当下心境的直观表达。禅宗自然观的美学品格，首先在于自然的心相化。禅宗对客观的自然现象并没有多少兴趣，而更多地是对真如法身感兴趣。

“何者是佛？”

“离心之外，即无有佛”

“何者是法身？”

“心是法身，能生万法故，号法界之身。”

中国古代画家在作画的时候，集中思绪，应意志之命，一气呵成。他们把描绘的东西作为一个整体去感受。他们的作画方法，似乎是一种自动机械的运动。曰为：十年画竹，此身化为竹，而后画竹，皆忘竹，即得其妙，神动天随。自己变成了竹子，而且在画竹子的时候，连自己与竹子的“同一化”都忘了，这难道不是竹子的禅宗思想吗？这是与“精神有节奏的”同步进行的运动。这种“精神有节奏的运动”存在于画家自身之中，也存在于竹子之中，存在于画家与竹子的某个“共有”之处。中式空间美学中强调在悟中“游”。云游于天，鸟游于空，鱼游于水，在古人的想象世界中，游的空间是不粘不滞，自在飘动，忽东忽西，忽浓忽淡，并非在大地上创造意义，而是在空灵的世界里感受宇宙的气息，有鱼游，有云游，有心游，所以中国寺院的建筑与园林的空间总是适应地势的特征，不规则地分散建成。禅宗思想的特点是：喜纯、诚挚与自由。禅宗的自由，就是在人造的原则中沉淀宇宙的原则，在物的原则中沉淀生命的原则。

戴 帆
共振设计

目录

东京安缦度假酒店

携茶上吟楼
满目风景列画屏

项目名称：东京安缦度假酒店

地点：东京 大手町

设计公司：Kerry Hill 事务所

设计师：Kerry Hill

面积：430 000 平方米

主要材料：樟木、纸、石等

东京安缦度假酒店占据最新建成的 Otemachi 塔顶部六层，不仅是东京传统与现代融合的缩影，更是一个凌空于都会的避世圣地。

该度假酒店位于久负盛名的大手町金融区，设有客房及套房，共计 84 间，每一间皆可俯瞰东京全景。宁静的内部花园，安逸的安缦水疗和游泳池，无疑成为这个凌空度假胜地的画龙点睛之笔。Otemachi 塔的 33 至 38 层均为该酒店所有，客人在度假酒店可一览东京皇宫花园及周围地标性建筑。

建筑设计的和谐统一，以及与当地文化的自然融合一直是安缦系列的经典标志，该度假酒店也不例外。作为已经六度为安缦操刀的著名建筑设计师 Kerry Hill 的作品，该度假酒店通过一系列独特的构成元素，将传统和韵完美地融入现代风潮中，巧妙地展示自身特色。大量的光线搭配经典日式材料，如樟木、和纸及山石的运用，融入现代科技，通过各种各样的织品和材质形成令人不可思议的明暗互动——成为此空间设计和氛围营造的关键。木、纸、山石自然材料的运用，唤起了人们对朴实自然的追求，并营造了“简素、自然”的禅宗意境。

酒店大堂中心挑高近 30 米，宏伟且极富特色，呈现了日式纸灯笼的内部构造，长 40 米，宽 11 米。该灯笼形结构由层层相叠的纹理和纸经日式木框延伸，再由大楼中心贯穿所有六个层面。在白天，它使阳光四散开来，照亮前台；在夜晚，它通过一系列和谐设计的光影场景，延续独具一格的氛围。

在“灯笼”之下的是度假酒店的内部花园，集中展示极富创意且传承日本文化的精致花道——一种利用枝叶和鲜花的精心编排来呈现与自然融合的严谨艺术形式。该花道置于平静水面之上，并搭配两座极富禅意的岩石花园，主要由采自日本北部的园石组成，简洁的设计令人心绪沉稳，将思维从日常烦扰中抽离，在宁静思考中体悟自然。整个内部花园被一圈走廊环绕；在日本传统庭院中，花园和起居区域之间都有这样一段木制空间，称为“和式廊道”。

这是度假酒店不可或缺的元素——对客人开放的图书馆，这里陈列着有关日本文化艺术的藏书，以及一些日式工艺品。

客房设计以原木色和米白色为主，空间造型简洁，无过多繁琐的装饰，进入室内便有一种平淡的宁静之感，让客人从自己的内心深处寻找放松与解脱的感觉，远离繁华、喧扰，独享内心的平静。

AMAN

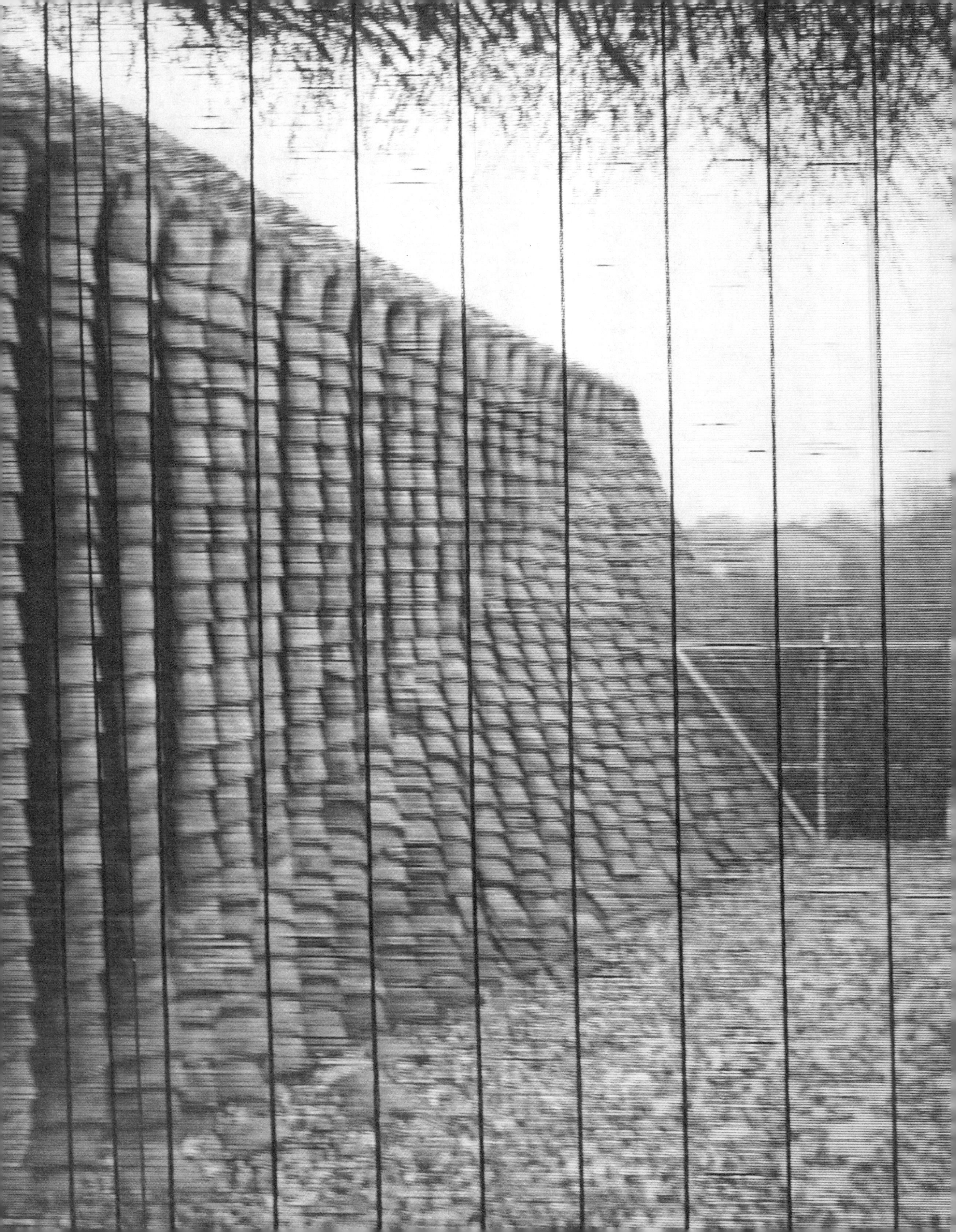

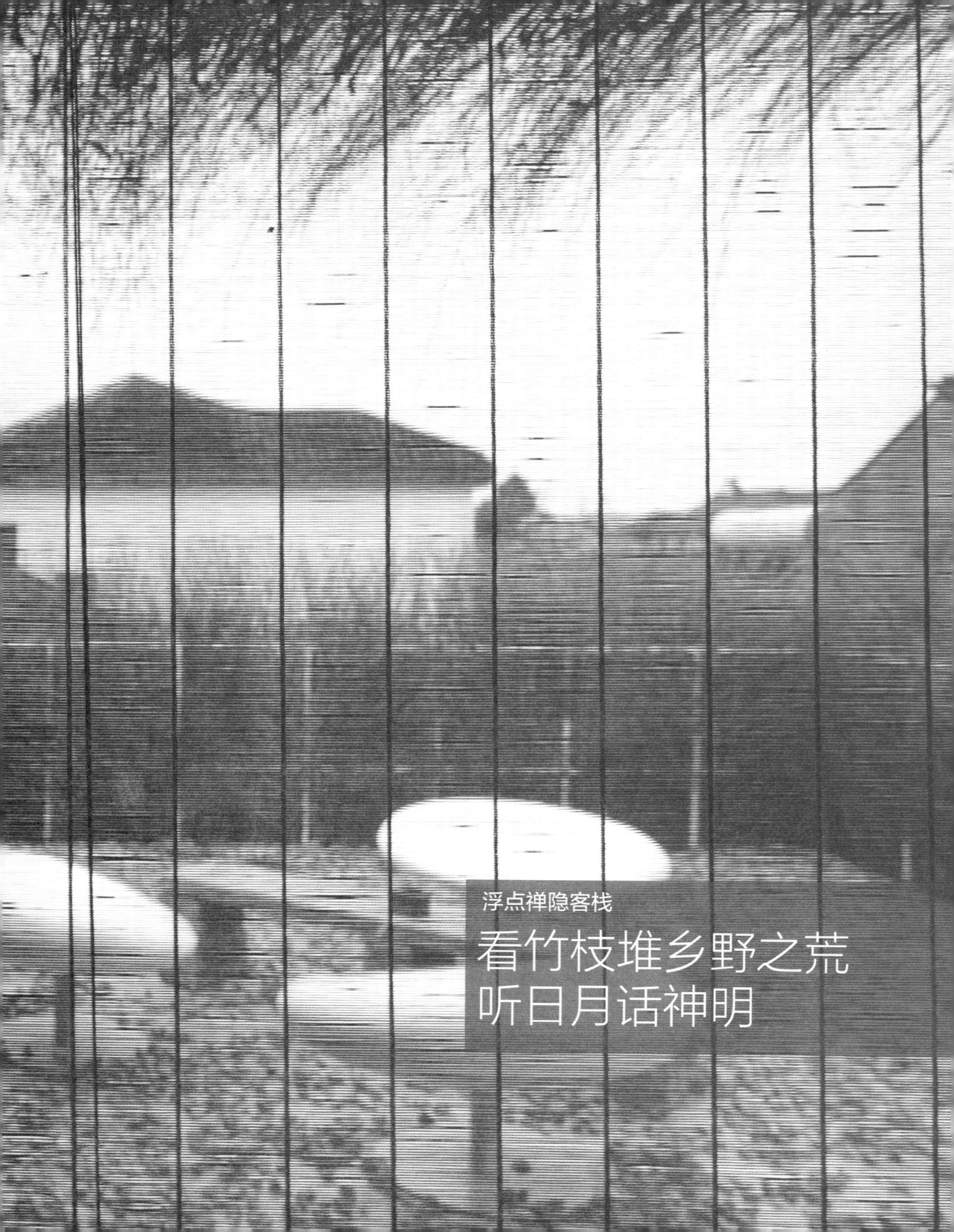

浮点禅隐客栈

看竹枝堆乡野之荒
听日月话神明

项目名称：浮点禅隐客栈

地点：苏州 昆山 锦溪镇

设计公司：FCD 浮尘设计工作室

设计师：万浮尘

面积：650 平方米

主要材料：青砖及瓦片、H型钢、竹子、白水泥、
老木头、通电雾化玻璃等

浮点禅隐客栈由一栋老宅改建而成。改造前的禅隐客栈，是古镇南大街上两幢毫不起眼的破房子，老屋门前荒草重生，曾经的白墙也在雨水的冲刷中变得斑驳，于破败感中带有浓郁的年代气息。在拆建的过程中，设计师在保留老房子灵魂和神韵的基础上进行内部的设计与改造，希望走进来的每个人都可以感受到人文与设计相结合的意境，以及浓浓的当地风情。

建筑材料选用：青砖及瓦片、H 型钢、竹子、白水泥、老木头、通电雾化玻璃等。同时就地取材， 保证资源的循环再利用。

该建筑整体经过精巧的设计，圆形拱门、青砖墙、老瓦片等都是古朴原生的元素。竹枝、竹桠营造出乡野的意境，并展现了原汁原味的材料质感。水泥、设计师设计的家具为这个空间注入了鲜明的现代气息。此外，日月的意象、飘带形状的走道都是借鉴神话故事而来的巧思。

客栈整体空间被定位为灰色调，这种稳重的灰色调所体现的文化气质与木质所表达的淡定豁达的空间特征不谋而合，这也正是设计师所追求的境界。孰重孰轻并不重要，空间的意境、空间的文化感才是设计的中心。

内部空间布局：客栈分为三层，共有九间客房，每间客房都有其独有的特点。通过精心布置，有美有意境。空间布局明亮开敞，现代与复古交融碰撞，白色墙面与浅色地板交相辉映，家具设计简约质朴，唯美的纱幔垂于各处，每一处线条和灯光都十分考究。客房和公共区域随处可见席地座榻，可看茶，可冥想，让内心独守一份禅静。

设计师寄语

禅无定法 随心而行

“一忧一喜皆心火，一荣一枯皆眼尘”随心而行的设计，不是为物件、为空间、为事件而设计，它是为人、为人的精神情感而做的。一方水土、一座筑物、一个物件、一组空间 、一群人物，他们均会产生对你、对我、对他的一种能量， 一种激发生命的力量，这就是禅宗设计吧！目前所说禅宗，基本上参照日本当下的禅宗形态，大部分以苦禅形式示人，而禅宗的真意为禅无定法。如果苦行的禅法，在当下人们压抑的社会现象中，还是如此，那就太苦了。“禅悦”就是该设计所运用的理念，让优美、快乐、静心的能量作用于我们的心灵，那是很美好的一件事。该设计以此方而实施，禅悦心灵，自有感悟！

万浮尘

2016 年 4 月 27 日

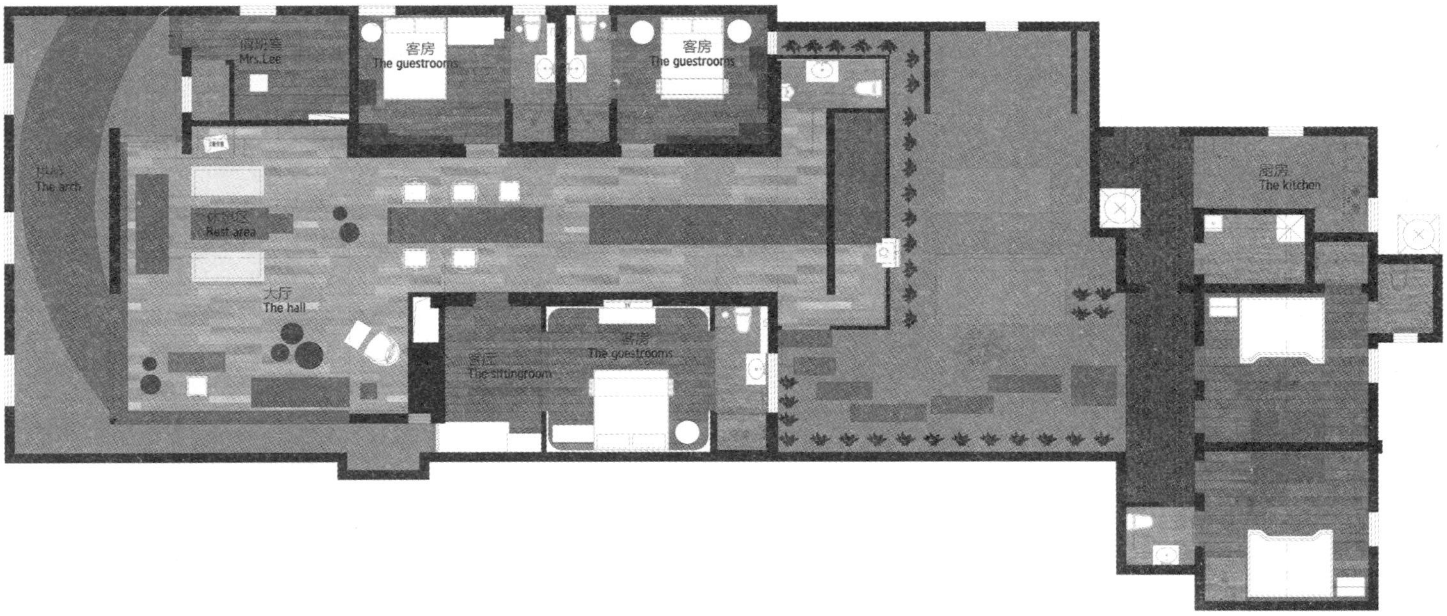

一层平面图

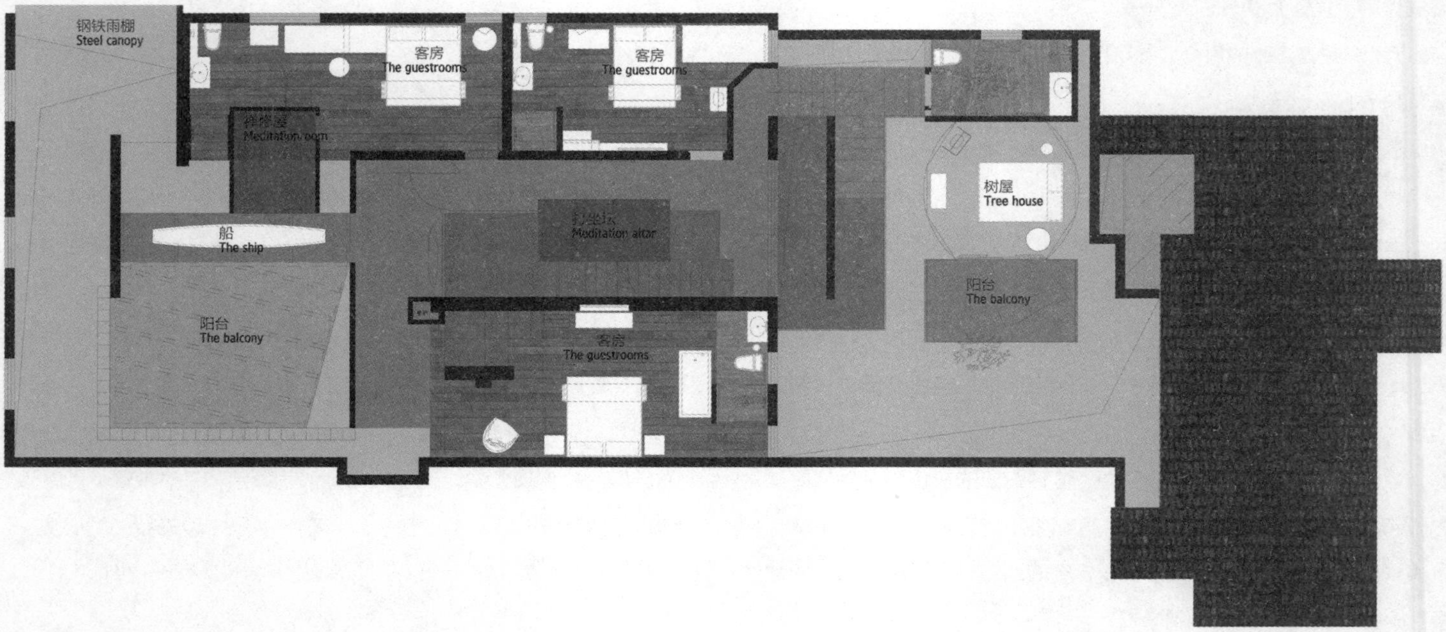
钢铁雨棚
Steel canopy
客房
The guestrooms
客房
The guestrooms
Meditation room
船
The ship
Meditation altar
树屋
Tree house
阳台
The balcony
阳台
The balcony
客房
The guestrooms

二层平面图

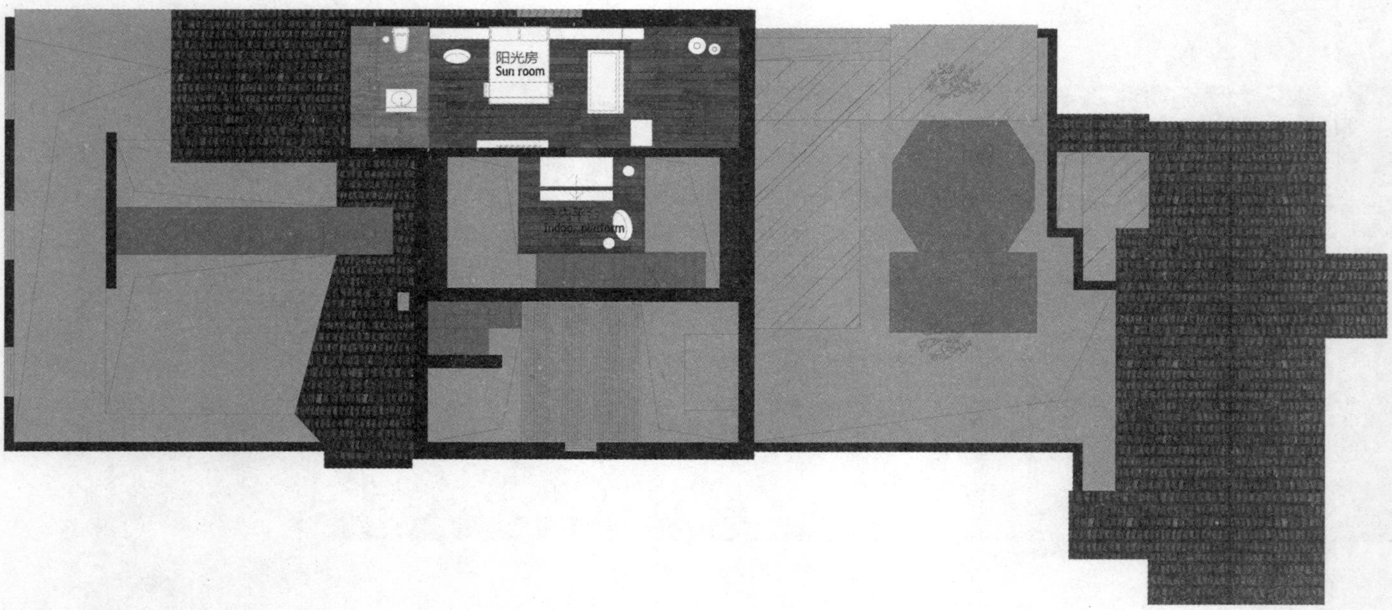
阳光房
Sun room
Indoor platform

三层平面图

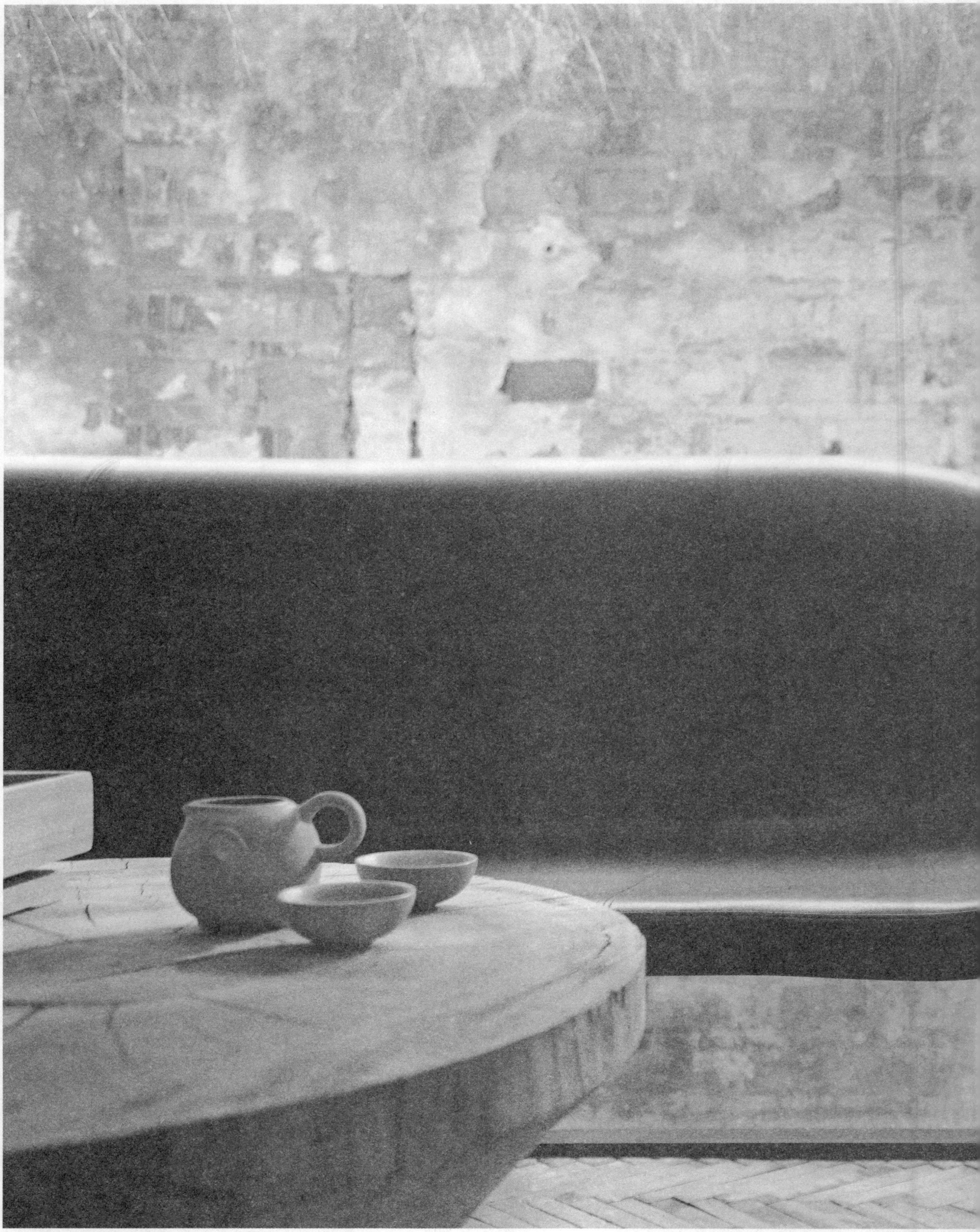

原来的一面老墙被保留下来，只在墙外做了一层玻璃起到保护作用，由此，保存了老房子的原始味道，留下了一些有关过去的记忆。胡兰成在《禅是一枝花》中有诗云：人意烂漫，只向桃花开二分。在一个新的室内设计里，选择部分的存朴留真，既保留了老房子的灵魂和神韵，也有一些现代气息蕴含其中。

“圆成之美”是禅宗美学的特质之一。该设计中，圆形被用在各个地方：拱形的大门、客厅的壁炉、长桌穿过的地方，既展现了月亮和太阳神话的设计灵感，也赋予了空间浓浓的禅宗意境。

用混凝土浇筑的长桌很少见，像丝带一样穿过圆形入口连到外面，尽头的小路与长桌连在一起，浑然天成，给人的感受非同一般，各个元素的结合很是玄妙。

客房的设计上以白色和浅灰色为主，使房间氛围宁静、祥和。房间墙上自动脱落的墙皮，给人一种自然、真实的感觉。帷幔的使用为房间增加了几分禅意的自在随性。

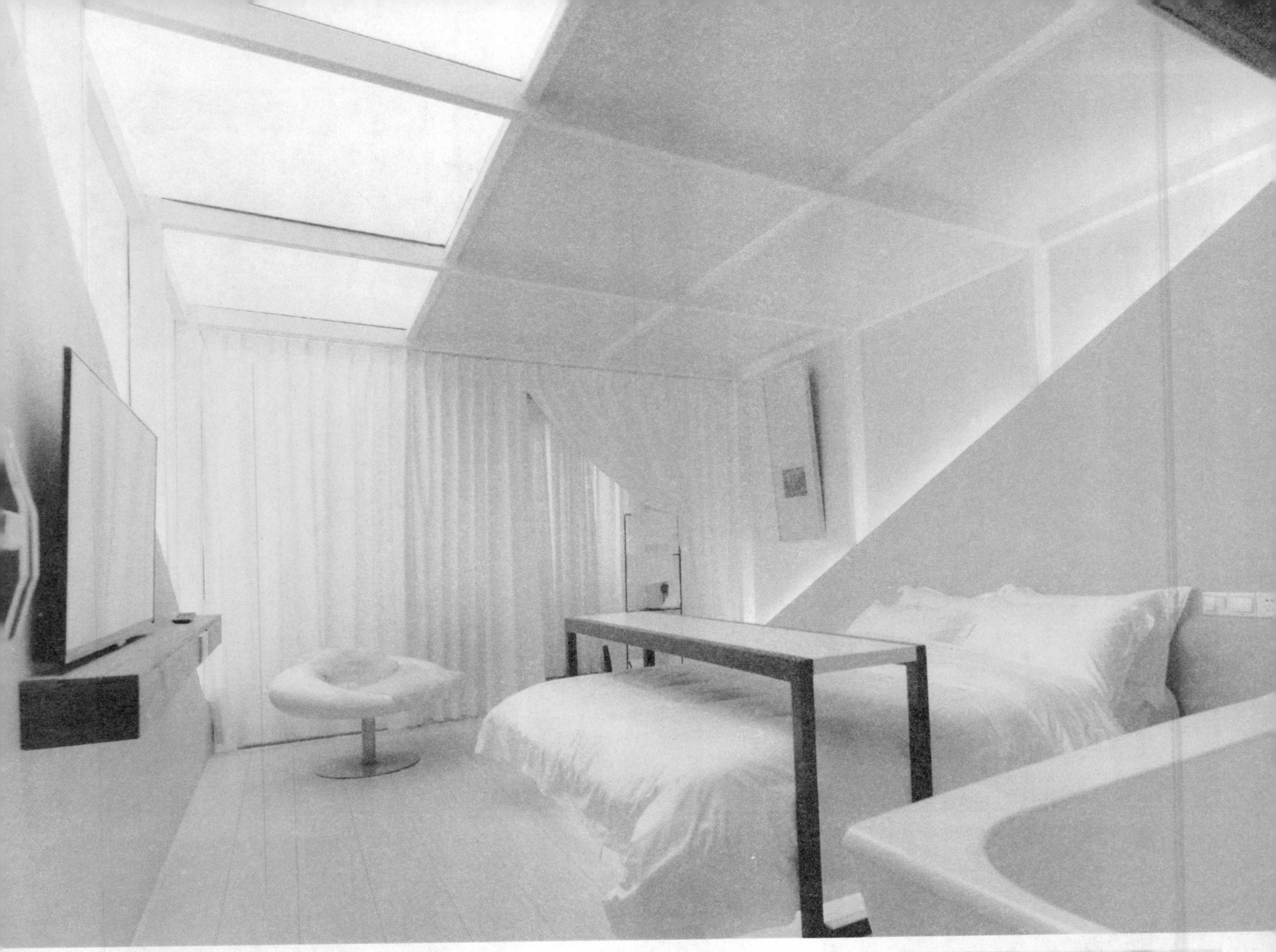

顶层房间墙体虚实结合，一面室内安详，一面室外沉静。房间的屋顶是可开启的，打开屋顶，可引繁星皎月入室内，也有温风暖意在此驻足。呆在室内也可享受自然禅意，静思内心的繁事闲欲。

建筑外观屋顶选用青瓦，利用拼接工艺，将瓦片延伸到墙面，让建筑更简约，同时又保留江南水乡的建筑特点。青色的瓦片连成一片，从高处的屋顶之上倾泻而下。

室内外设计将大量的竹枝、竹桠作为装饰，淋漓尽致地展现了禅境中的乡野、荒蛮。设计中选用竹子的原因是，竹子造价低，又可让人感受到禅的韵味、意境。

竹帘之外的茶室间，黛瓦、碎石、竹枝，白色座椅，构成了一幅宛如渔樵闲话的画面。竹枝外仿若有一片泛着烟雾的湖水，待人垂钓，聆听水声之美妙。

青岛涵碧楼酒店

碧波海畔
止此不知年岁

项目名称：青岛涵碧楼酒店

地点：青岛 经济开发区九龙山路

设计公司：Kerry Hill 事务所

设计师：Kerry Hill

面积：145 000平方米

主要材料：铜网、花岗岩、胡桃木等

青岛涵碧楼酒店坐落于青岛凤凰山麓的半岛，伸入海洋腹地，三面环海一面靠山，总建筑面积 14.5 万平方米，由世界知名建筑师 Kerry Hill 设计，将大自然、建筑、园艺等元素完美结合，保留并融入当地自然景观。

该酒店的设计，没有鲜艳的色彩、抢眼的装饰，有时候你可能抱怨它本该做得更漂亮一点、更柔美一些。然而它就是这样，103 阶大步梯冷冷地矗立在那里，有的是整面的玻璃幕墙、淡淡的花岗岩墙壁、嶙峋的海岸礁石。

如果江南园林之美是优美，那么该酒店就有些许壮美的意味。如此这般节制而内敛的设计，不过是把可能性交给身处其中的客人，让其成为这个空间的中心。因此，该酒店是一个清零与出发的好地方。当蜘蛛结网，有人看到的是无情的捕食者，有人却感叹“明知落花留不住”。该酒店是一个空间，一个场域。你可以看到日出，也可以看到日落；你可以看到近乎静止的大海，也可以看到礁石间片刻不息的波流。这里采用了最现代的设计手法，却装满了在民间收集的旧家具。它把自然生态还原给你，它把人文历史展现给你，至于看到了什么，获得了什么，取决于你自己。禅宗的“一切世间皆由心造”说的亦是如此。

不同于传统豪华酒店贴金镶银的感官刺激，该酒店更多地提供一种精神层面的享受。在这里，人与人之间的距离是宽松的，人在空间中的低密度本身也是奢华的表现形式之一。宽松的空间赋予人们自我存在感。无论走在酒店中的哪个位置，人都是空间的主体，所有装潢、服务、美景都为了人本身而存在，从而让每个人在自己的小宇宙中寻找生存的意义。空无之处，求其本真。

自日月潭涵碧楼开始，涵碧楼便创立了“极简”、“禅风”的建筑风格。Kerry Hill 虽是澳洲人，却深谙东方美学的天人合一之道。细品青岛涵碧楼酒店，不难发现，他用原木、花岗石、玻璃和金属四种自然低调的材料，打造出宛如从自然景观中“生”出来的建筑。这种建筑不仅不会因岁月的增加而显得老旧，反而在岁月的递缮中愈发显现其价值。

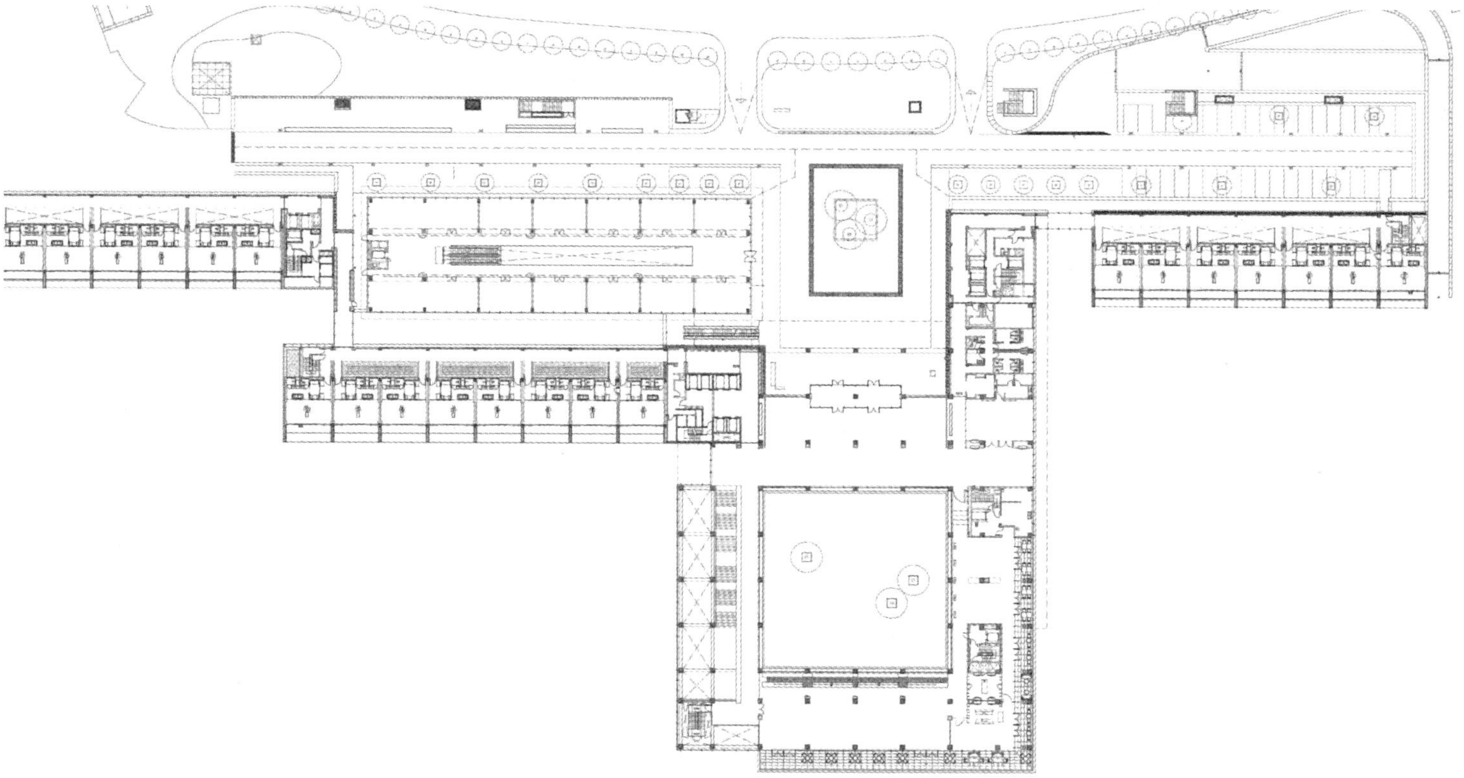

平面图

步入大堂，迎面一个日式枯山水庭院；对酒店不甚熟悉的人也许会认为这是设计师附庸风雅之作。事实上，这是主人在客人进门时向其昭示的这家酒店的审美取向——侘寂之美。它是毫不起眼的精致，低调发力，让美承载于时间之中，并在天地之间自然、谦卑地“俯首称臣”。

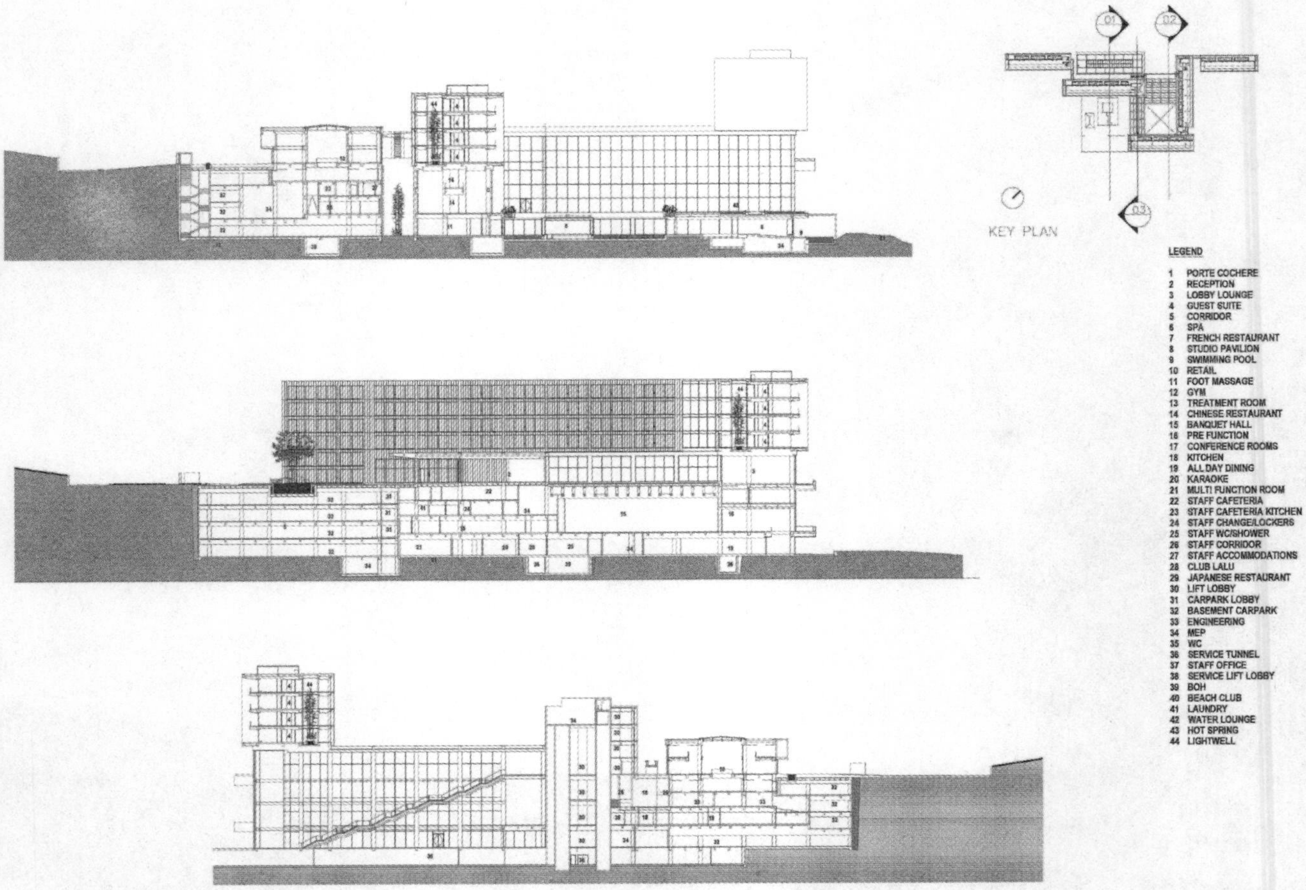

剖面图

建筑外立面宛如几个集装箱，只是几条简单的线条交叉，整个外立面用铜网包裹，等待它生出铜绿，年复一年，深深地扎根在这里，由自然而生，与地景山势融合，怀抱在原来的世界里。

入口第一眼看到迎客松与平静的一方水池，使人烦躁的心情放慢、放缓，打开感官，享受自然之美。

灯光设计以自然的元素及色温铺陈开来，并融入四季变化的神秘色泽；脱离现在，是过去的记忆，亦是未来的时空。

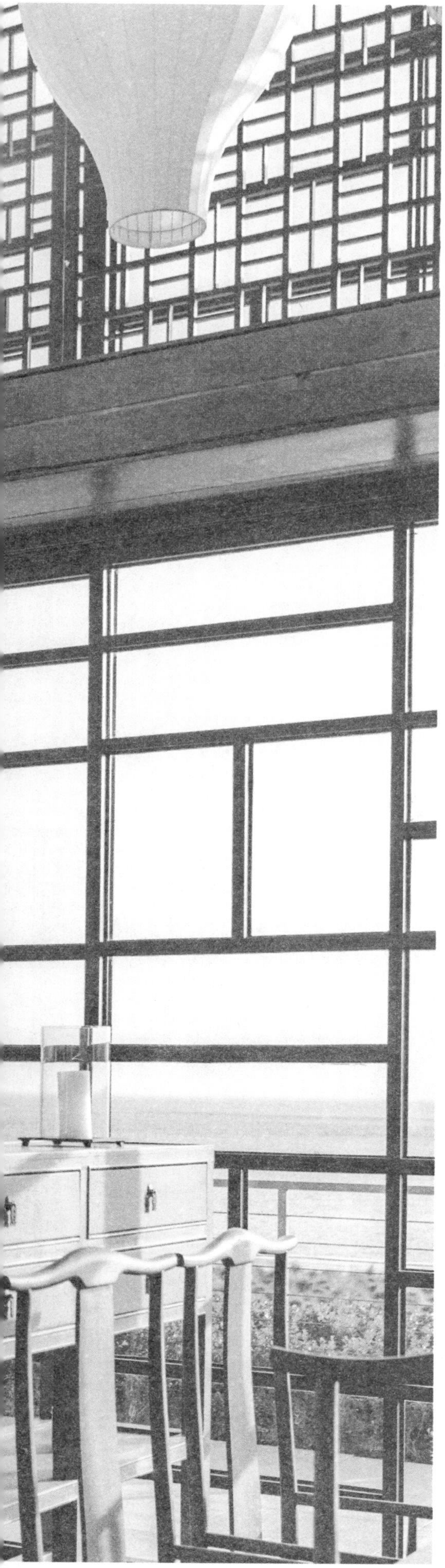

该酒店以儒家文化为特色，以文人雅士的精致品位精雕细琢。步入大厅，古乐器奏出空幽的乐曲；散步于走廊，随处可见精美漆器、书法字画，供玩味品评；到茶亭一坐，赏心悦目的海景配上专业茶艺，轻松度过一个自在的下午。儒家文化清雅、深厚，对整日忙碌疲惫的宾客来说，正可在这里一洗心灵上的浮躁与喧哗。

在这里，令人感受最深是一种秩序感。设计师在潜移默化中改变了我们的习惯，提供了一种理想的生活，让我们在保持理性的同时可以在这里品茶、读书、发呆，这样的事情轻松愉悦，没有压迫和驱使的意味，让我们抽身于日常生活的紧张、繁杂，享受慢步调所带来的从容惬意。

在静静的时光里，内心诗意的流光独白，恰恰成就了一道道美丽的自然光影。

云庐老宅精品酒店

于漓江山水间 闲居青瓦屋

项目名称：云庐老宅精品酒店

地点：桂林 阳朔 兴坪镇

设计公司：景会设计 Ares Partners

设计师：汪莹

面积：3700平方米

主要材料：再生老木、素面水泥、竹子、黑色钢板等郁郁黄花无非般若，青青翠竹皆是妙谛。禅宗思想中认为，一花一草皆为神，其中都蕴藏着无穷的真谛。禅宗推崇自然本身之美，自然之美更接近生命的本质。它是未经多余修饰的天然之美；哪怕是破损的，古旧的，但只要是天然的，就是最美的。它更强调人与自然的和谐融合。“我见青山多妩媚，青山见我亦如是”说的就是这种和谐美。

位于广西与坪的“云庐”由散落在一个自然村中几栋破落的农宅改造而成，酒店深藏于漓江好山好水间。设计充分体现了禅宗所谓的人与自然和谐之美。

项目从老农宅的改造开始，逐步梳理宅与宅之间的空间，并将一栋老宅拆除扩建为餐厅和客人可聚集的场所。设计师在尊重当地文化和周围村民生活的基础上，对原有狭小凌乱的农宅与场地进行梳理改造。 酒店的几栋老建筑与环境的关系非常紧密，与当地村民的房屋也没有明显的隔绝，与周围环境和当地村民和谐共存、自然共生是设计的出发点。 另一方面，酒店的主要服务对象大多来自现代城市， 如何在城市生活的舒适与农村生活的淳朴之间找到平衡点也是设计的重点考虑。

在材料的运用上，禅意空间的设计力求去除人们平时赋予材料的理解，最大限度地在其最原始的状态下使用。再生老木、夯土、竹子这些取自自然的材料无不体现自然的本色之美。禅意酒店的空间设计追求返璞归真，尊重自然。过多的现代修饰、人工雕琢，无不掩盖了事物的本质，“如镜上的尘埃般迷惑了我们的心智，使我们不能洞察镜中的空灵”，禅的目的就是突破迷惘，识自本心，见自本性。整个酒店的空间设计都在表现返璞归真的朴实与自然原始的“质本美”。

在色彩运用上，尽量使用材料的原色，夯土、再生老木的颜色搭配素面的水泥色，塑造了一种宁静纯洁之美。“素淡——虚空之黑白”正是禅宗的色彩观。

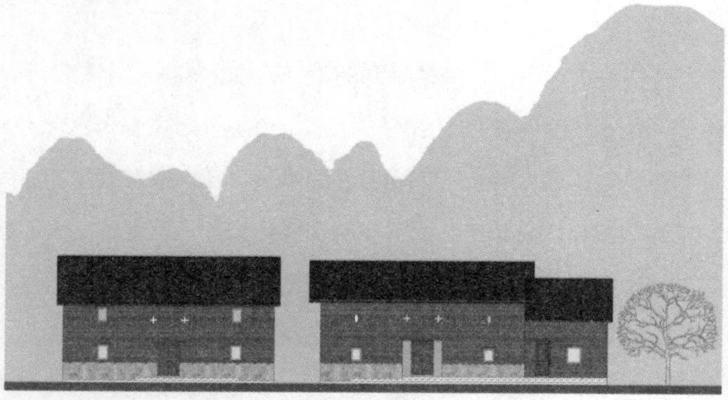

K 栋 FG 栋北立面

K 栋 FG 栋南立面

K 栋剖面 1

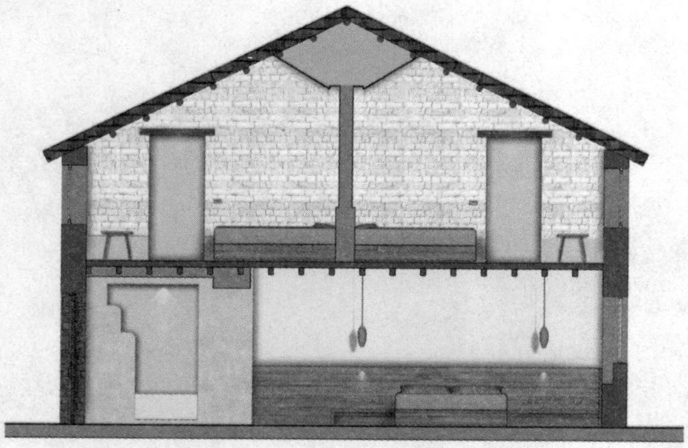

K 栋剖面 3

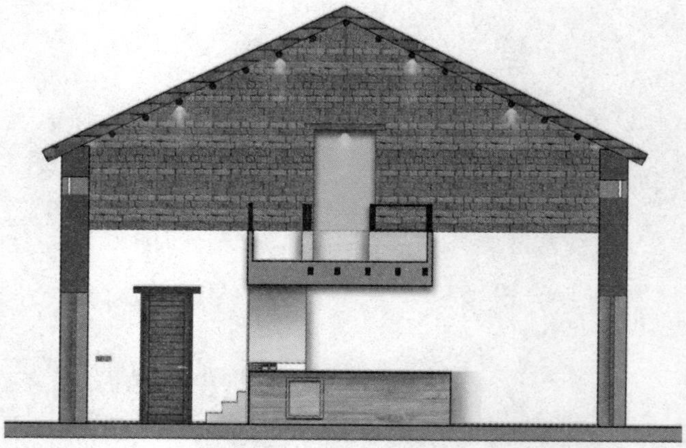

K 栋剖面 2

室内设计依然遵循自然共生的法则。为了不影响依山傍水的好风景及与老村落的协调，低调的新建餐厅成为一层楼高的坡屋顶建筑，并尽可能降低尺度。室内空间在满足空调等功能需求的前提下，尽可能提升层高，与建筑呼应，让空间明快、简洁、流畅。原有农宅的室内虽然久经年代的风雨而显得破旧，却不失空间趣味性。典型的一栋青瓦黄土砖屋为三开间，中间为二层挑高的厅堂，两侧各有四小间房，二层为杂物储藏用。在改造中，保留了原建筑的木结构、黄土墙、坡屋面及顶上透光的“亮瓦”，在功能上一层的厅堂保留并设有吧台、沙发， 是客人小聚的社交空间。客厅的两侧各有一间客房，厅堂中增加了通向二层两间客房的楼梯。对于东西方向的室内墙面，只做了必要的清洁和修缮。南北方向的墙面在土砖墙以内增加了轻钢龙骨石膏板墙，新旧墙体中间的空隙满足了所有管线、管井走向的要求。在空间改造中，设计师侧重思考现代人的生活方式与原生态空间的对话、空间本身与光影的对话、室内与室外空间的互动。在材料运用上，室外保留了纯朴厚重并与当地桂林山水浑然一体的夯土外墙和青瓦屋面，原来的旧木窗换成了现代的铝合金窗框，新与旧的对比让老建筑有了几分现代感，也营造了一个新老建筑的对话场景。室内采用了再生老木、素面水泥、竹子、黑色钢板等材料，力求遵循朴实、自然、简单的原则。这些现代材料与原始的土坯墙形成了对比，同时具有浓浓的厚重感，在整体上有着相似的历史感。

一层平面图

二层平面图

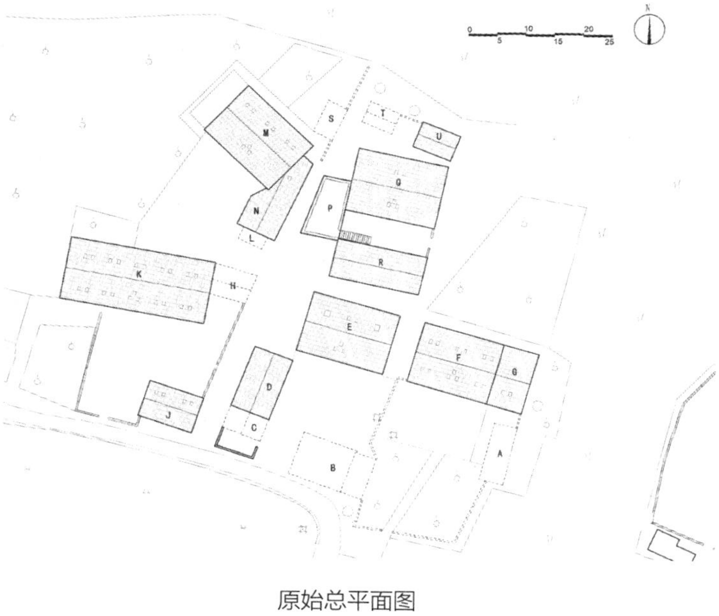

原始总平面图

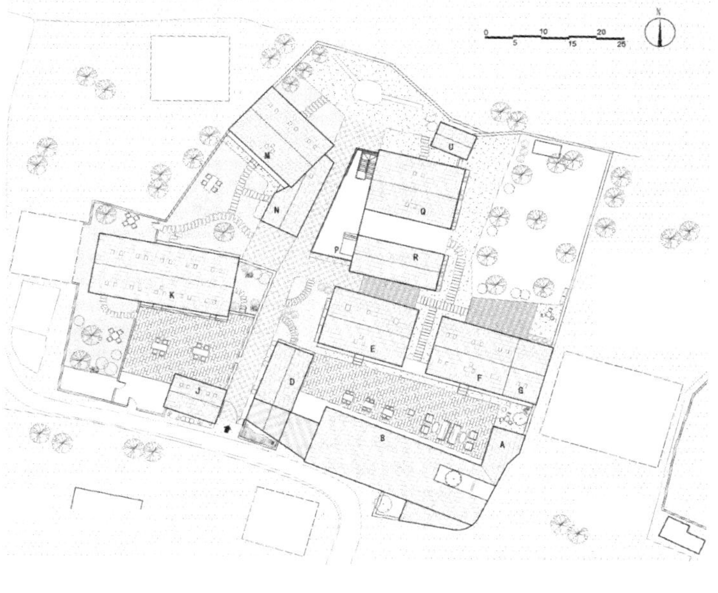

总平面图

墙体的碎石每一块都不一样，仿佛是未经人工切割、自然而然的破碎；碎石并非呆板、死气沉沉的，而是有生命的存在。

白色是最包容的颜色，白色是为了突出灰色、黑色的层次。这里，一块白颜色的存在让空间多了一种简单与灵动。白色的墙体承载着上反灯带的光线，灯光氛围干净、纯洁。案台、空调出风口、白色墙体构成点线面的组合，用最基本的几何形体构成空间元素，回归简单质朴的空间构造。这正是禅宗设计所提倡的“去繁求简”。

夯土、原始的木头是最简单的组合、最纯粹的表达。

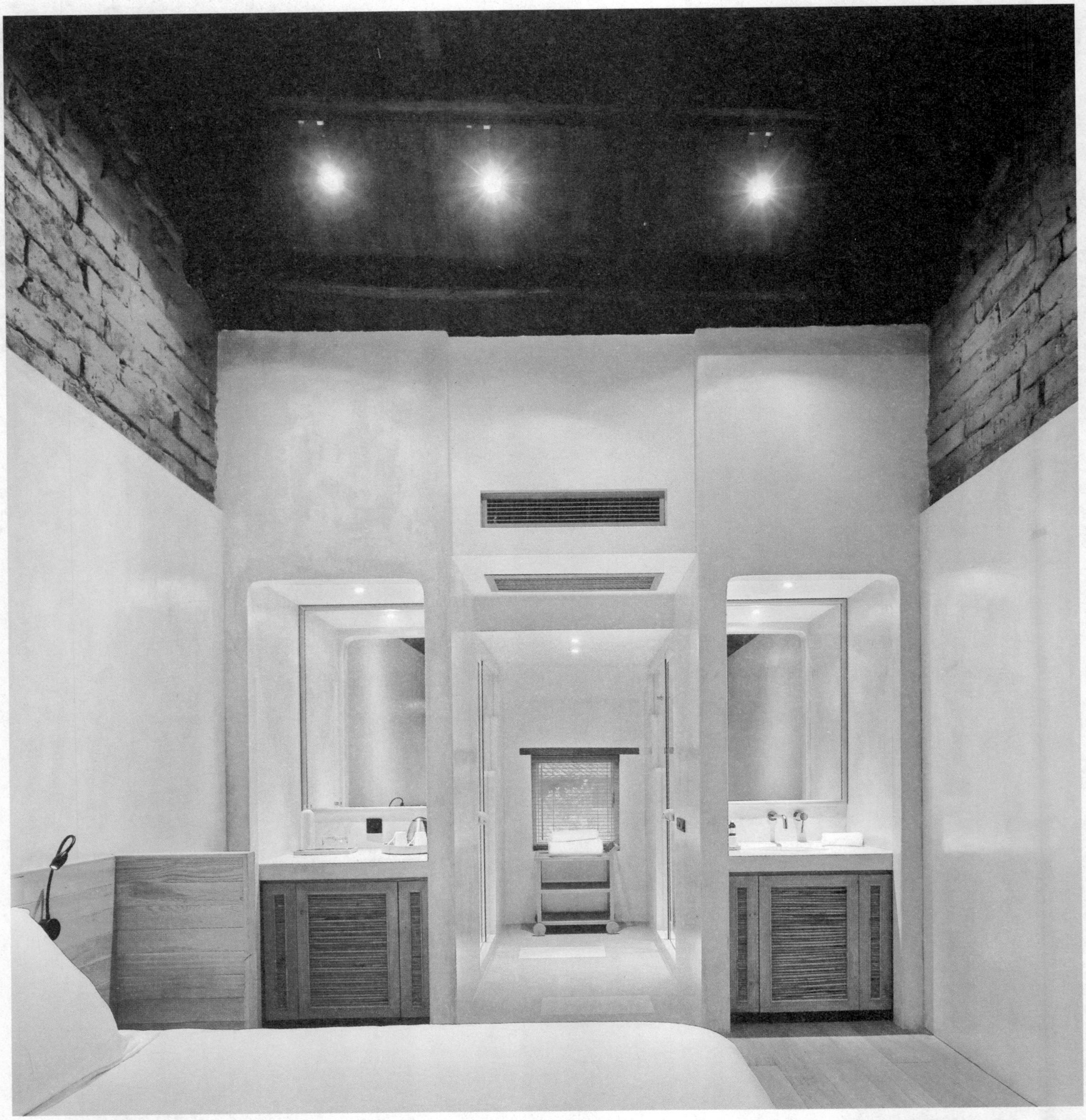

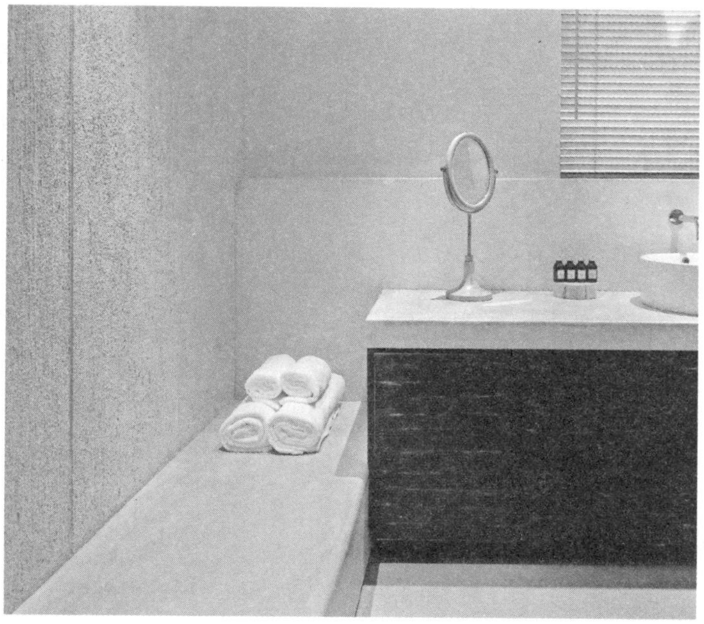

卫生间隔开为三室：洗手、洗澡、如厕。正常情况下为方便使用，三种功能的空间没必要分开。分开看似麻烦，实则不然。因为分开，所以功能更加独立。卫生间隔开为三室，赋予每个空间最大的自由度和最纯粹的使用功能。这是一个卫生间，又可以不是一个卫生间，摆脱人的正常逻辑下对于卫生间的理解，这只是三个不同的空间，每个空间的功能都不一样，身处一个空间就一心一意只为一件事。可以说，因为功能分离，空间使用不便，也可以说因为功能分离，空间使用起来更加方便。禅宗有一句很有名的话叫“花不是红的，柳也不是绿的”，其对应的却是花红柳绿，说的也是这个道理。

禅在本质上是挣脱桎梏、回归最原始纯粹的状态，无所住而生其心。大面积中性灰的素面水泥，低调、素简。三个空间均以几个点灯作为光源，别无其他复杂的装饰。空间给予人们最大限度的宁静感。

隐庐同里别院

于至美之地
用佳咏 抒雅怀

- 项目名称：隐庐同里别院
- 地点：苏州 同里古镇
- 设计公司：北京仲松建筑景观设计顾问有限公司、苏州市喜舍文化传播有限公司
- 设计师：仲松、庞喜
- 面积：680平方米
- 主要材料：威尼斯石膏、艺术玻璃、青古铜、水磨石等

隐庐酒店，把最美的中国呈现给世界。

“夫天地者，万物之逆旅也；光阴者，百代之过客也。而浮生若梦，为欢几何？古人秉烛夜游，良有以也。况阳春召我以烟景，大块假我以文章。会桃花之芳园，序天伦之乐事。群季俊秀，皆为惠连；吾人咏歌，独惭康乐。幽赏未已，高谈转清。开琼筵以坐花，飞羽觞而醉月。不有佳咏，何伸雅怀？如诗不成，罚依金谷酒数。”

这是盛唐时期中国人对理想生活最具代表性的描绘，到了宋朝、明朝，无论从中式审美、器物，还是生活方式和思想哲学，中国人一直延续着自己的理论体系和对天地的理解，并影响了全世界。如今，优雅的生活方式正在回归，或者说，这种生活一直存在于中国人的血液中、骨子里，从未走远。

中国人雅致的生活方式既是中式审美和中式元素生活的外在表达，也是儒家哲学投射出独属中国人的一种以智慧、闲适、领悟和觉醒为主要特征的人生态度和生活方式。这既是一种对于过往历史的追忆，也是对中式田园牧歌生活的精神向往，更是对抱朴守真的崇尚和回归。

然古人相去甚远，隐庐系列酒店倡导中国人过自己的生活，传承自己的待客之道，发扬自己的哲学逻辑，但绝非复制古代或拷贝个别中国符号。古典的中式生活状态是一个我们追不到也不必追到的一个高度，我们可以无限接近，却无法到达。

隐庐同里别院的前身是庞家私宅——一座建于清末民初的传统三进式院落。原主人庞元润在光绪年间曾担任吴江商会第一任总理，是民国时期同里的资本主义创始人。他开设米行、创办邮电局、打通苏沪之间的运输通道，是在西学东渐过程中走在时代前列的开明之人；他在传统中国文化中成长，同时也接受西方的观念与思想。

隐庐同里别院在设计上保留了庞宅黑瓦白墙的建筑风格。设计师尽量弱化设计手法，注重营造一种意境，用一种大写意的手法实现“生活大写意”。

枯山水

禅宗美学表达的是一种枯与寂的意念，是一种对超自然力量的崇拜。隐庐同里别院的园林在布置上采用了碎石石块，营造了一种淡泊宁静的“悟境”。

一花，一草，一画，一蜡，一碗茶。中国人独有的生活形态背后有哲学体系和宗教精神做支撑，我们只有在理解这个逻辑的基础上，通过仪式感强调意识，通过物质表达精神，以物入微，以式入道。这个时代，需要从容淡然的生活态度，需要精致优雅的生活方式。

中式优雅的闲趣

无门慧开禅师《无门关》第十九则有云：春有百花秋有月，夏有凉风冬有雪，若无闲事挂心头，便是人间好时节。饥来食，困则眠，热取凉，寒向火。平常心即是自自然然，一无造作，了无是非取舍，只管行住坐卧，应机接物。反朴简单生活，让心归于随意。一张原木长形茶几，可弹丝竹，品茗乐，让趣味归于生活。

酒店作为生活的载体包含衣、食、住、行等种种与日常生活相关的要素，在这个空间里，宜动宜静，“谈笑有鸿儒，往来无白丁。可以调素琴，阅金经，无丝竹之乱耳，无案牍之劳形。”

朱里俱舍酒店

枯木花开放生桥 皆为忆古情

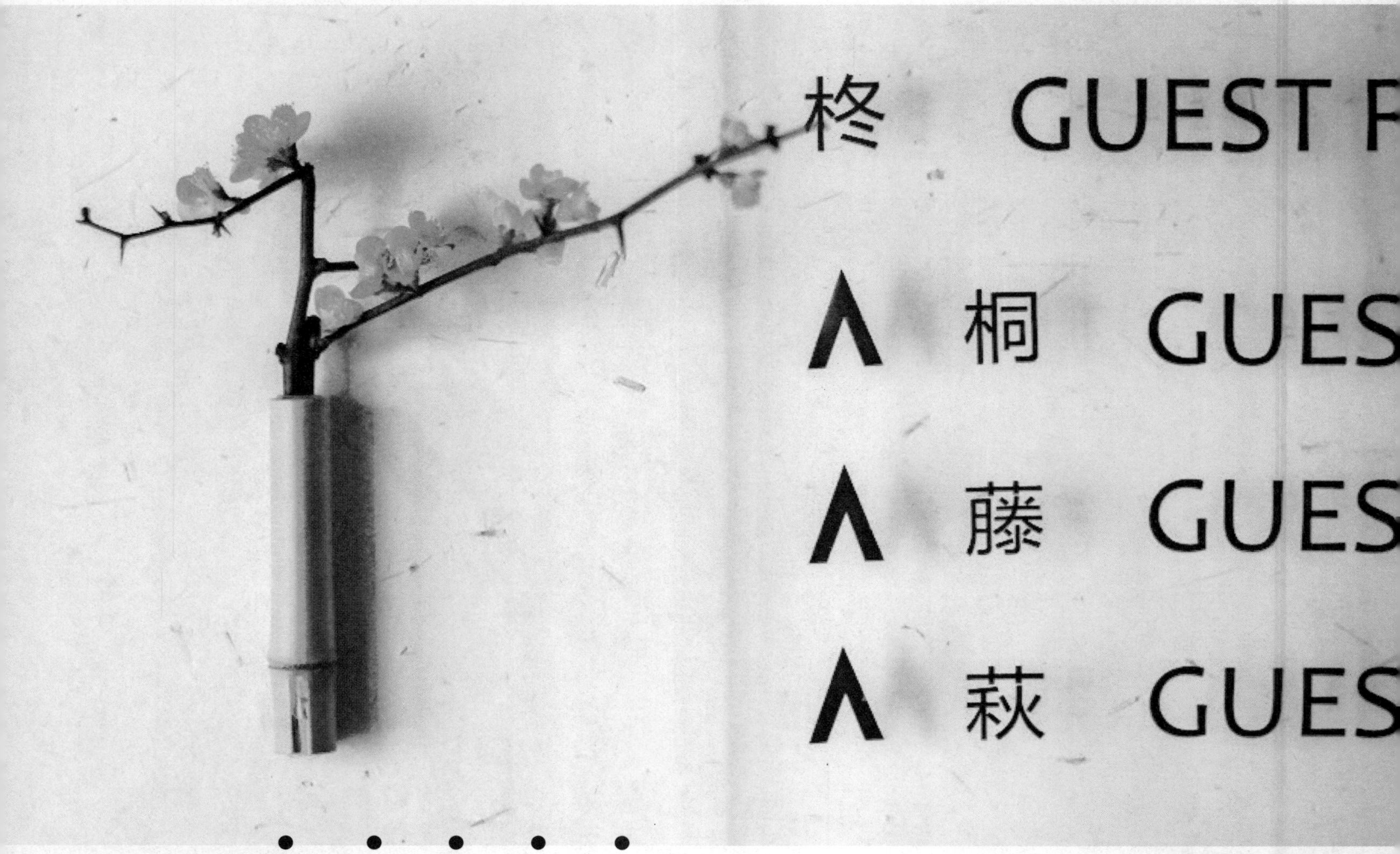

项目名称：朱里俱舍酒店

地点：上海 朱家角古镇

设计公司：俱舍团队

面积：2300 平方米

主要材料：旧木料、纸筋石灰、碳化芦苇等

清明上河图，北宋画家张择端仅见的存世精品，现藏于北京故宫博物院。清明上河图以长卷形式生动记录了中国宋代城镇的繁荣景象。

朱家角，上海硕果仅存的江南水乡古镇，距市中心仅 50 千米，因地处历代粮食、丝绸和茶叶漕运河道要冲，于《清明上河图》绘制的宋代即已形成集市。

放生桥，朱家角古镇地标，古时长漕运河道之上仅此一座大桥。放生桥五孔石拱，是上海最长、最大、最高的五孔石拱桥，被冠以“沪上第一桥”之称。

十里漕港，自宋代始一千年间江南最重要的漕运河道，有诗赞云：“长桥驾彩虹，往来便是井。日中交易过，斜阳乱人影”，即描绘了朱家角古镇作为十里漕港水运繁忙的景象。

今天，登临古镇地标放生桥，远眺十里漕港，酒肆、茶楼、店面、铺房、河流、桥路，昔日繁华可辨、水乡风貌尽现，其景象仿佛一幅真实的《清明上河图》。

朱里俱舍，俱舍又一作品，因朱家角古称“朱里”，故取此名。朱家角古镇内唯一的精品酒店，离放生桥一步之遥、临古代漕运河道而建。

朱里俱舍，以“住回宋代的朱家角古镇”为设计理念，用源自宋代禅房的简素美学营造空间、器物、石庭乃至生活方式，重朴素而去浮华，充满日系茶庵造几近古朴、低调、极简的氛围，以此向发祥于宋时的朱家角古镇致敬。

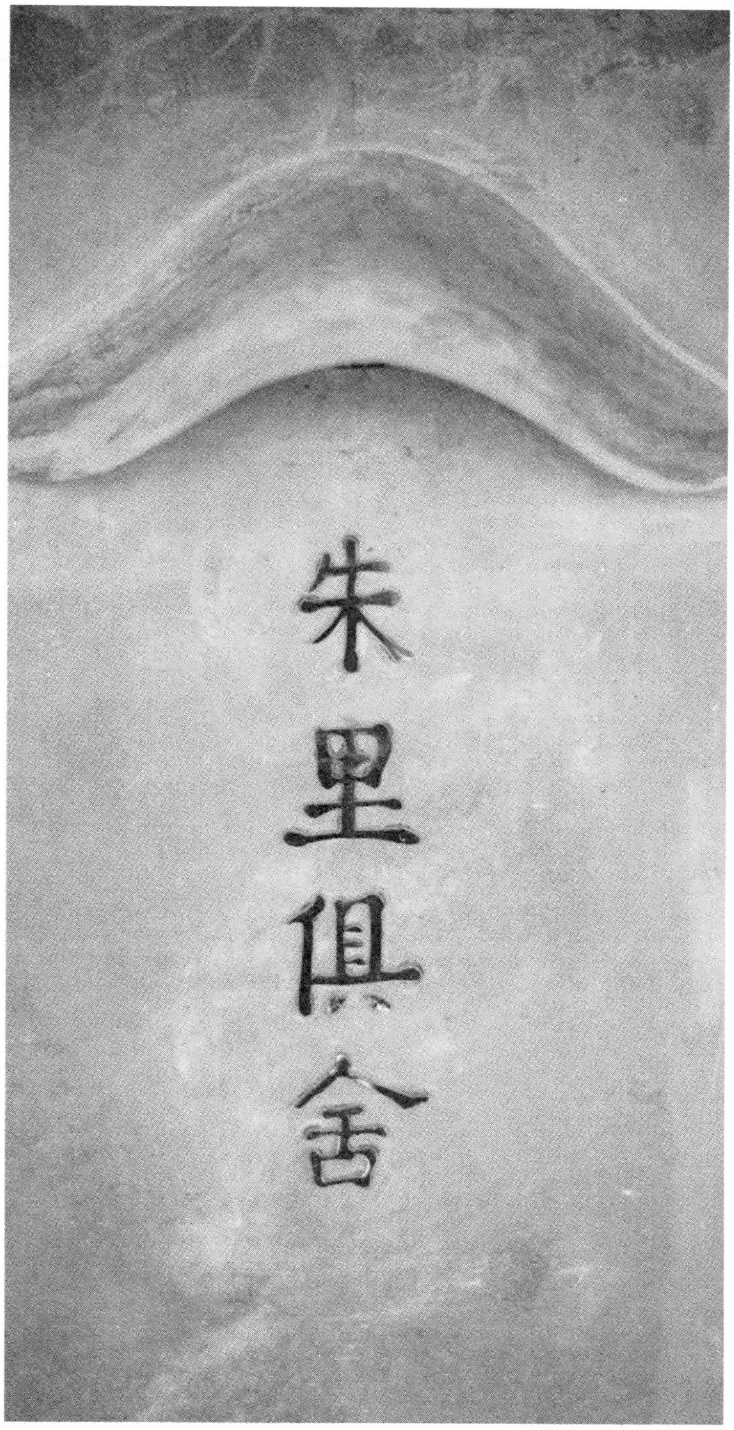

茶寮，以禅院美学为设计理念，以古朴的木材、土墙为主要材料。朴素的芦苇窗帘、纸灯笼、蒲团构成了一个宁静、祥和的茶寮空间。

茶庵造客舍

茶庵造客舍分为豪华套房、二卧套房和禅房客舍，套内净面积从30平方米、60平方米至90平方米不等，其中， 位于四层的豪华套房设私家观景泡汤。全部客舍均为日系茶庵造风格，具有私密、禅意、低调、奢华的空间气质。

百年手作茶器

基于俱舍所倡导的宋代禅院简朴美学，俱舍美学团队飞赴日本，与有山先生共同遴选了由近一百二十年家传技艺的长太郎手工烧制的器物，充分体现了日本古典的质朴幽玄美学。

入住朱里俱舍酒店，均可使用这些精致无华的名家手作陶器，在朱里俱舍的客舍、茶庵可亲尝俱舍禅茶，感物观心。

草月流花道作品

基于对俱舍所倡导的宋代禅院美学的认同，日本三大花道之一的草月流教师吉原良子于日前受邀出任俱舍视觉总监。

吉元良子老师将以日本草月流花道创作，使入住朱里俱舍的客人，无论在客舍、茶庵、庭院、温泉，都置身于由日本草月流花道作品打造的生活美学空间。

俱舍，取自世亲菩萨《阿毗达摩俱舍论》，系古印度语“kosa”的汉译，意为包容身体与心灵的容器。以“俱舍”命名酒店，其一，意为一应俱全的客舍，旨在为每位客人提供完美居停；其二，契合佛理，意为万般皆可舍去。让每位身处其间的客人，暂舍俗世，以一种古典方式体味现代生活。

日系庭院温泉

朱里俱舍首次于上海朱家角古镇复刻日系温泉老铺，引入日系庭院观景温泉，分设带观景庭院的男、女汤池各一间。

男汤以“岩”为设计主题，由岩石汤池、沐浴区、桑拿房和更衣区组成。

女汤以“木”为设计主题，由木质汤池、沐浴区、桑拿房和更衣区组成。

客人置身空间中，愉悦身心的同时，尽享禅意庭院的幽玄之美。

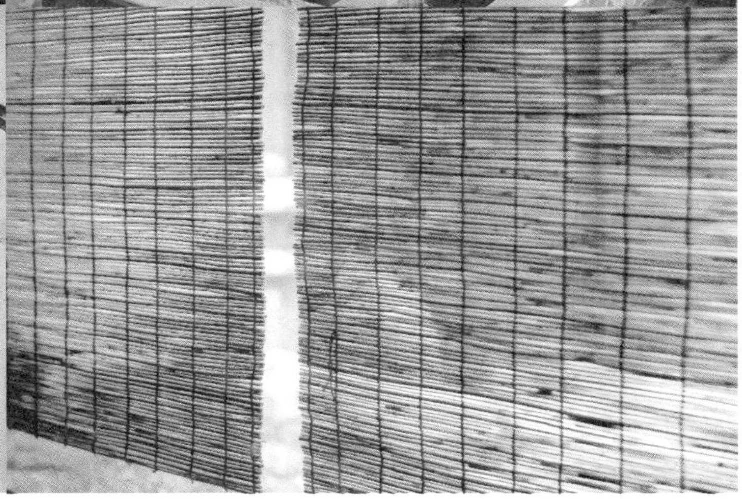

云何住静心会所

应无所住 而生其心

“远离世俗，我常到这个宁静的地方。这里的精神是禅宗的精神。”

在这里，只有我和一潭静水，打坐、敛息、静气，心无杂念，眼睛所到之处唯有平静的海面和蓝天的消失线。傍晚，亦能体会“吾心似秋月，碧潭清皎洁”的安宁和静逸。

项目名称：云何住静心会所

地点：大理 双廊镇

设计公司：自然家设计工作室

设计师：易春友

面积：1000 平方米

主要材料：天然环保素材、回收老榆木、竹、麻草、纸、麻、棉、藤、澳洲松原木、核桃木等

云何住——让身心安静之所

如何营造一个安心静住的所在?

在当下，如何以安静对抗浮躁?

如何以质朴对抗虚浮?

大自然会唤醒我们内在的一些感觉吗?

大理市双廊镇的云何住静心会所，面对苍山洱海，风光独好。“云何住”语出《金刚经》：“善男子、善女人，发阿耨多罗三藐三菩提心，应云何住？云何降伏其心？”它是对众生如何安住心神的思考。业主希望客人、朋友来这里感受独特的自然风光，重新焕发身与心的平衡。设计师思考如何以设计呼应生命的本源，通过对物件的观察与接触，唤醒一些内在知觉。“各种生活状态，不一定成天靠在沙发上翻手机。”设计师希望大家在这个空间里，找回对生活本身的关注。

该会所的室内设计特点是：通过对材料和形体的节制，让观察去掉杂质，从而获得情绪上的安静。如哲学上所说，减少欲望，获得自由。室内空间具有一种并非过于具象的、自然而现代的东方气质。

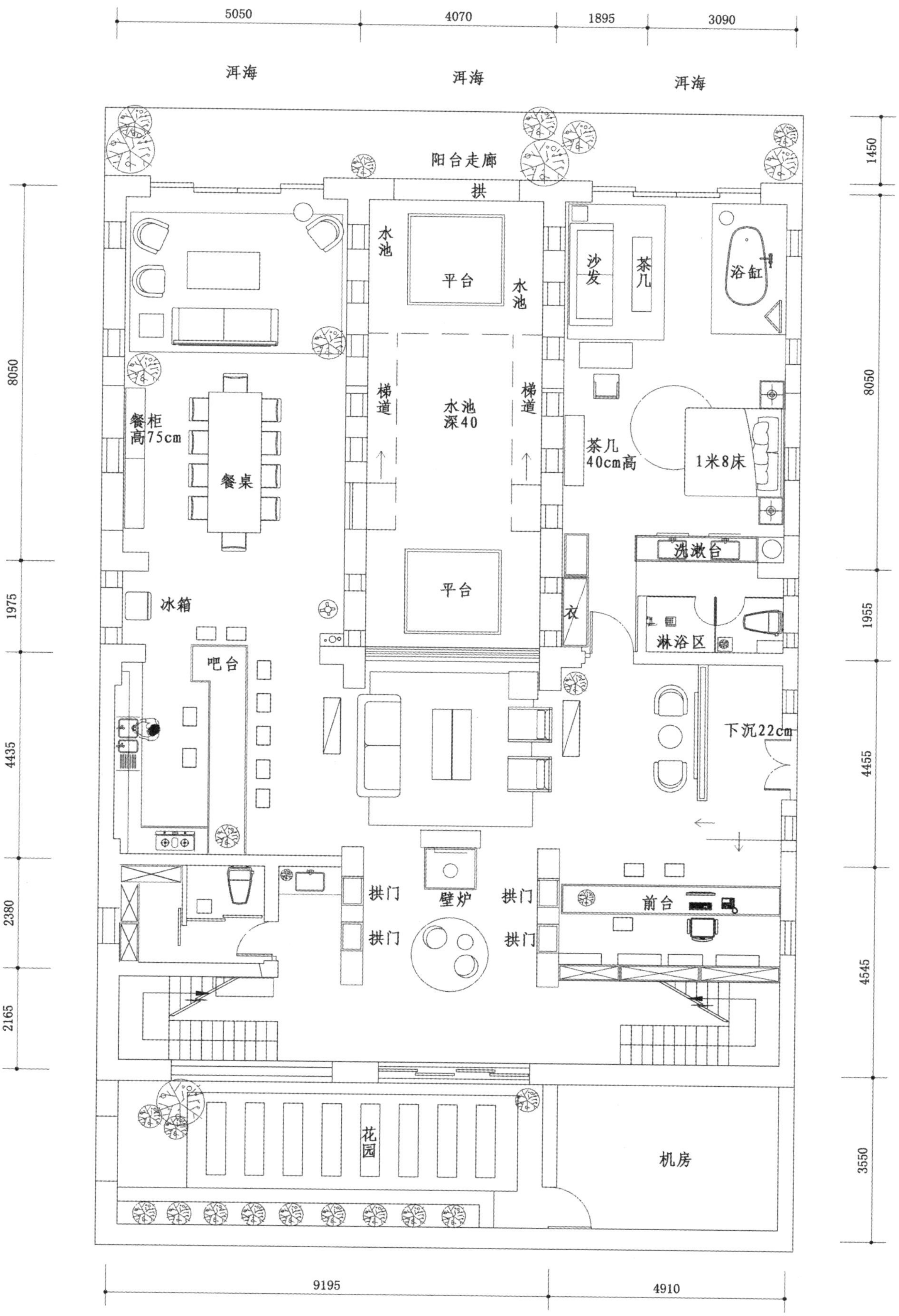
5050
4070
1895
3090
洱海
洱海
洱海
阳台走廊
拱
1450
8050
水池
平台
水池
沙发
茶几
浴缸
梯道
水池
深40
梯道
餐柜
高75cm
餐桌
茶几
40cm高
1米8床
洗漱台
1975
冰箱
平台
衣
淋浴区
1955
吧台
4435
下沉22cm
4455
2380
拱门
壁炉
拱门
前台
拱门
拱门
4545
2165
花园
机房
3550
9195
4910

一层平面图

二层的阳台面朝洱海，两个大的拱形窗户将海面尽收眼底，有一种衍生感、空灵感。美学家宗白华认为：“空灵”就是“灵的空间”，是立体的、无边的，即庄子所说“无极之境”，透过两个空旷的窗户，可远眺更广阔的空间。

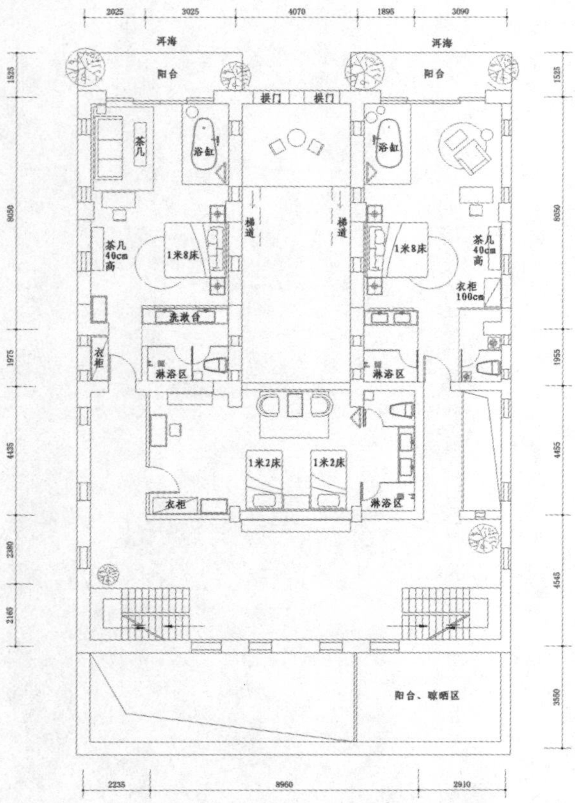

二层平面图

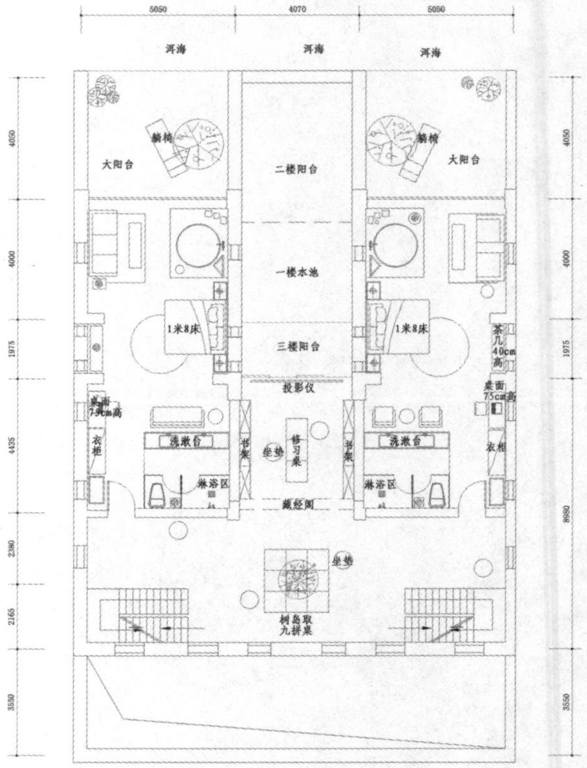

三层平面图

在设计上，设计师采用的简洁的直线，将简单的几何形体造型去繁取简，满足最本质的需求，彰显最内在的美。

餐厅中超大的老榆木餐桌加强了空间的稳定感，原木家具的自然纹理、漂浮的纸灯群、石头的自然肌理都是最原始的自然美，自然美更接近生命的、本真的、未经雕琢的天然之美。客人身处此地，可以感受到来自大自然的真实与舒适。

三层大厅是一个开放的茶室，空间上空是开放的天窗，天光可以把大自然引入室内，透过开窗与大自然交融。树下围合的八张老榆木小茶桌，实现了设计师“席地而坐，树下喝茶”的设想。偌大的空间里，一棵略带古意的野生山杜鹃从容而立。在设计师无瑕的构思里，这里自然别有一番意境：“意境和语境有时可以互动，造景是对大自然的摄取，但在不同的语境下也会转化成真实的意境，客人可以在这里安静喝茶，渐入佳境。”

在1000平方米的会所里，只有6个房间，其中一层一个，二层三个，三层两个。每个房间的面积都很宽敞舒适。房间的软装设计尽量选用天然的材料，增加房间的舒适度和自然感，提供最朴实纯净的空间体验。

室内设计的简朴为居住者创造了安详、宁静的港湾，让人抛弃日常生活中的繁琐杂事，在一个纯粹静逸的环境中，体会真我与本心。

杭州菩提谷度假酒店

引青山入房
砌土石麻绳为墙

- 项目名称：杭州菩提谷度假酒店
- 地点：杭州 余杭大麓寺
- 设计公司：浙江省工业设计研究院、中国美院风景设计研究院、九龄工作室
- 设计师：黄志勇、宋震华、王九龄
- 面积：9000平方米
- 主要材料：老木板、石板、砖瓦、土壤、石头等

菩提谷是一座隐匿在山林中的度假民宿群，位于余杭区鸬鸟镇太公堂村，杭州最高峰窑头山山谷，离市中心车行一小时距离。民宿群均由老旧房子改造而成，提供精品民宿、食养餐厅、生态菜园、植物学校、菩提书舍等多种度假服务。彩虹店依山邻水，设计上保留了原建筑的轮廓、结构，甚至原来的土夯墙，并使用了很多环保材料。同时把现代人的生活方式融入这些老房子中，打造了一个真正的隐居生态度假民宿。依托始建于1700年前的大麓寺，设计上对村庄修旧如旧，既保护了古老的村落环境，也保留了传统民居中所蕴含的文化。菩提书舍，为入住宿者提供了一个独特安静的山中图书馆；生态菜园和食养餐厅，为住宿者提供了生态的美食和营养体验；木工坊、陶艺坊等手工作坊实现了很多人的手工梦想。

菩提谷，隐匿于窑头山竹林深处的一座中国传统村庄内，有翠竹、溪流、茶园，独立于山谷中的高端生态度假酒店。2012年，菩提谷创始人老宋在颅鸟镇窑头山的大麓寺租下10多幢农宅，进行装修改建，围绕“引青山入房，砌土石麻绳为墙”的生态建筑方式，保护、延续传统自然村落文化。项目取名“菩提谷”，含有“修身养性、回归自然”之意。

蓝天携绿树相迎，入室内骤然可见石体裸露，天光洒下，温暖于石上。若无四墙相围，恍如居于山间竹林，满心只有自然。

菩提谷酒店设计注重与大自然结合，引大自然入室内。材料上也是纯天然的的物品：竹子、石头、麻绳，也是为了追求一种亲近自然、放松归真的感觉。醒迷歌里说：醒迷人，甘淡泊，茅屋布衣多快活；布衣不破胜绮罗，茅屋不漏如瓦房。淡泊名利，置身在这个有山有水的酒店中，摒弃一切烦恼杂事，只静静感受大自然带来的祥和。与大自然共生，正是禅宗所追求的自然和真实。

苏轼在《于潜僧绿筠轩》中说道：

“宁可食无肉，不可居无竹。

无肉令人瘦，无竹令人俗。”

食不甘味，充其量不过是“令人瘦”而已；人无松竹之节，无雅尚之好，那就会“令人俗”。竹子谦虚，虚心进取，与世无争，卓然为人的低调正是禅宗思想所提倡的。

酒店设计多处使用竹子，室外绿葱葱的青竹，室内屋顶也是竹子所制，竹子的内敛与禅意空间的气质十分契合。

禅茶室是举行茶会、禅茶讲座以及品茶的地方。竹制灯、枯枝以及仅仅使用木蜡油的木质家具自然且环保。空间中，安详、宁静的禅意氛围让心灵得以体会真我，若朴也若毅。

客房的设计以简单朴素为主，原始的山体、朴实的夯土、旧木房顶，这种追求朴实、原始的气质与禅宗回归本真的精神具有互通之处。

通往二层的楼梯，右边墙壁是原来老房子的砖体结构，左边是旧木做的展示架。用竹子做的屋顶，将自然光线自然而然地引进室内，夏天也能起到隔热通风的作用。竹子的使用体现了一种自在随性、返璞归真的禅宗思想。

朴院禅文化精品酒店

隐匿于繁华蓉城
归置于生活

项目名称：朴院禅文化精品酒店

地点：成都 龙江路

设计公司：成都市珑和环境设计有限公司

设计师：祝沣

面积：4125平方米

主要材料：青砖、胡桃木、丰镇黑石材等

朴院禅文化精品酒店坐落于成都市龙江路 14 号。隐匿于繁华蓉城，归置于生活，朴院本朴。该酒店是以禅文化为主题，意在将禅的精神融入日常生活中。设计师以一种简单真实的生活态度，运用中式元素，演绎禅意空间。步入大厅，风雅韵味迎面而来。静谧的墨色石材，原木厚重的长桌长凳，营造出一份最质朴、最本真的意境。室内的墨色石材保持着一份高雅与自尊。采用原木色的长凳，以求保持原木的素色和清晰的纹理，体现了一种禅宗的简素精神。长筒形的墨色壁灯嵌入墙体，只看到上下清淡的反光打在凹凸的墙面上，自然朴实的意境正是禅宗所提倡的。墨色长筒的形状体现了一种中式禅意之美。围合的回廊格局形成了采光天井，使室内光线充足。天井连接外界，把室外的景色引入室内，让设计与自然融合，给人一种安之若素、朴实自然的禅境感受。

禅意，一种风雅娴静的生活情愫，在匆匆行走中亦不可忘却。

早餐厅对着天井，晨光透过采光天棚，射入长桌上的清粥。长廊转角处地灯温暖，立在格栅的边上，默默守着这个角落，似故人的关照。土钵里，随意伸展的翠绿，恰到好处，柔化了整个空间，洋溢着安静与诗意的气息，宛如文人风中飘洒的衣袂。朴实自然的原木色，给人一种贴近自然、返璞归真的感觉。

510

七寶

蒲苇草席、原木旧桌、水墨挂画、枯枝棉花……自然朴实的装饰元素，把人们带入一个祥和内敛、古朴含蓄的环境中，使人心无杂念，摆脱平日工作生活中的繁琐，享受浮生一世拙。

禅的审美是“空”，空能孕育世间万物，虚无方知本心。因此禅意中，经常故意简化生活中的事物，去除人为的雕琢，生活中使用一些原始自然甚至锈迹斑斑的粗陶瓷茶碗，体会真我。

“几时归去做个闲人，对一张琴、一壶酒、一溪云。”苏东坡《行香子词》里说的大概就是朴院生活吧。虽无琴、无溪，室内却有文竹、旧木左右。返璞归真，隐匿一处，优游延岁月，这正是禅宗思想所推崇的。

在审美理想的追求上，禅宗以圆为美，认为“大圆境界”是最高且极致的境界。圆是“禅”“心”“悟”的核心范畴，它无所不包，无所不容，体现包容万物的和谐之美。万事万物圆融自成、圆满具足之美妙。故“圆成之美”是禅宗美学的特质之一，具有圆融、圆满、和谐、统一、完美、协调、一气呵成、浑然天成、无意于佳乃佳等特性。因此禅宗所标举的参禅与审美体验是以“圆”求“圆”，即强调从圆满的自足自性、本心出发，经历万物万象，再复归为圆满具足的自性和本心。设计中，圆形的运用具有取景的作用，透过圆形探知对方的世界，自己亦可被对方探知。

在客房的设计采用低调的灰色，给人一种默然淡雅的人文感受。竹帘简洁脱俗，古朴典雅，取自原始的竹料，有其独特的风格。竹帘的使用带有朦朦胧胧的意境，使一间屋子看起来更加高雅，更有书卷气息。中式的桌椅，简洁的圆筒灯饰，搭配高雅的灰色，使整个空间简约而不失高雅，祥和而宁静。

大理璞·素精品度假酒店

朴素
而天下莫能与之争美

项目名称：大理璞・素精品度假酒店

地点：大理 双廊镇

设计公司：文格酒店空间设计事务所

设计师：林文格

面积：1700平方米

主要材料：当地青石、老砖和灰瓦、现代感的钢构等如一处私密的院落隐匿在古镇深处，行经古老，青石铺就的小径，在道路的尽头，礁石与古树间方能寻得大理璞·素精品度假酒店的所在。

该酒店由老宅改建而成，取用当地青石、老砖和灰瓦，与现代感的钢构相结合，外观有现代建筑的构成之美。用材又质朴无华，仿若生长在此，静静地伫立于岸边，与山、海、古镇相融。

该酒店共四层，首层为公共区，二至四层为客房区，共有 21 间精心设计的客房。

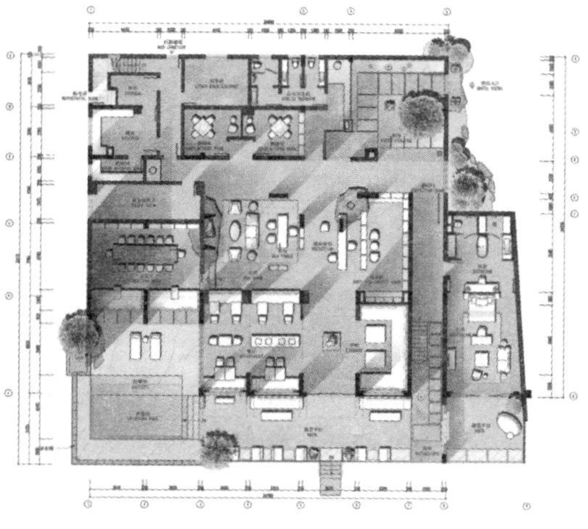

首层平面图

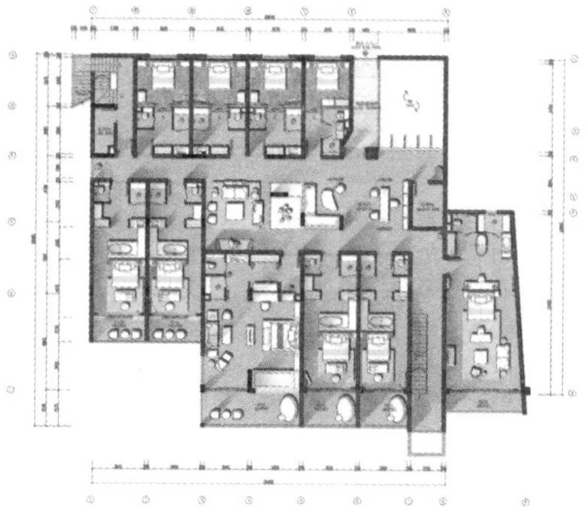

二至三层平面图

四层平面图

建筑手绘图一

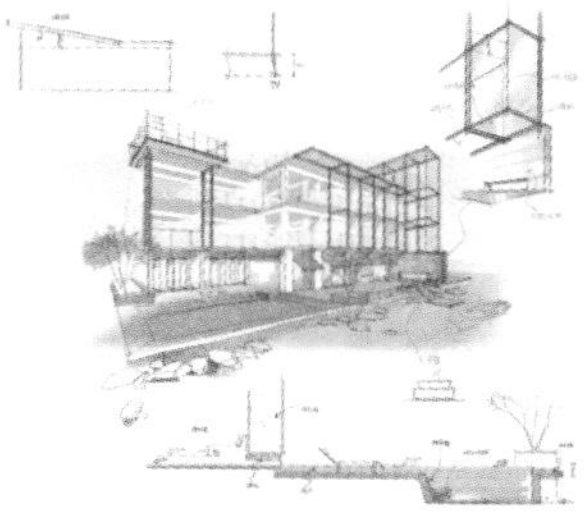

建筑手绘图二

从低调的大门步入酒店，可看到一个由夯土墙和钢构围合的水景庭院，庭院浸润在一面净水中，阳光透过格栅和树梢洒在水面，几条锦鲤缓缓游着，庭院格外寂静。

踩着老青石做的汀步迂回进入室内，便来到酒店接待区和主要的公共活动区域。受限于建筑原有墙、柱的阻隔，空间并不方正、完整，但这反而激发了设计师如泉的巧思，将空间善加利用，打破传统功能空间生硬的划分形式，将接待、品茗、香道、书吧、餐饮、会议及精品店等功能空间有机地组合在一起，用家具、片墙、层架等手段进行限定和划分，使空间过渡自然、层次丰富而有序。同时，空间设计借鉴传统园林借景、框景的手法，让室内各处均拥有良好的观景视野。

室内用材质朴，墙、柱多为裸露的混凝土，表面经砂纸精心打磨，质感粗犷而圆润。沙发、壁炉、原木茶案也无不流露朴实的机理与气质，配以具有大理情韵的饰品，这里的一切仿佛是自然而然的闲适。设计师以民族情怀的朴素哲学，点缀一室的简奢风华。

杭州西溪花间堂度假酒店

野草闲花处 唯闻西溪水喧

- 项目名称：杭州西溪花间堂度假酒店
- 地点：杭州 余杭西溪湿地
- 设计公司：纳索建筑室内设计咨询有限公司
- 设计师：方钦正
- 面积：20 000 平方米
- 主要材料：旧木、原生石等

杭州西溪花间堂度假酒店的设计与水相融。在建筑形式上，设计师尽量低调处理。景观与建筑的关系是“湿地里的屋子”，而并非“建筑配套的湿地”。设计师没有建造一栋巨大的高楼，取而代之的是，将一至二层的小房子规划成五片分布在园区内。接待区、餐厅、客房、水疗室、别墅等，各自散落，同时彼此由栈道相连，整个酒店更像一个湿地中的小村落。灰白色的涂料、风干的松木、纤细的铁扶手、简单的斜屋顶以及通透的大玻璃构成了简约、明朗的建筑外观。去除不必要的修饰，朴实的小屋自然、宁静地融入湿地的大环境中。

总平面图一

杭州西溪花间堂是花间堂的第一个度假村落，也是花间堂的文化新意境。这是花间堂“家”文化的延展，也是一直以来所传颂的“中国式幸福”庭院生活的放大。它要营造的是超越血缘与族群、回归人类的自然本性，以及温暖质朴的村落文明。在这里，大自然快乐地融入天地之美，“玩”也成为一种修行，乐玩、雅玩、野玩……每个人都在美与欢乐的分享和互动中返璞归真、识自本心、见自本性，让生活从“有意义”走向“有意思”，这亦是禅宗思想所倡导的。

将“野味”变为“野趣”

西溪拥有着未经雕琢、野味十足且独特的湿地风貌。作为一个“人文客栈”，在这个项目中，设计师对于“野”的尺度拿捏非常重要。过多的修饰会抹杀这片原生态湿地，而全然不动又无法保证舒适的居住环境。

不仅仅是建筑，为了让住客也能充分融入湿地，零距离地体验自然的趣味，设计师尽可能采用开放式的设计格局。无论是建筑外还是建筑内，几乎所有的走道连廊都是开放的；整洁的栈道、精心规划的动线安置在杂乱野生的植被中，住客在任何路途中都置身于湿地的大自然内。

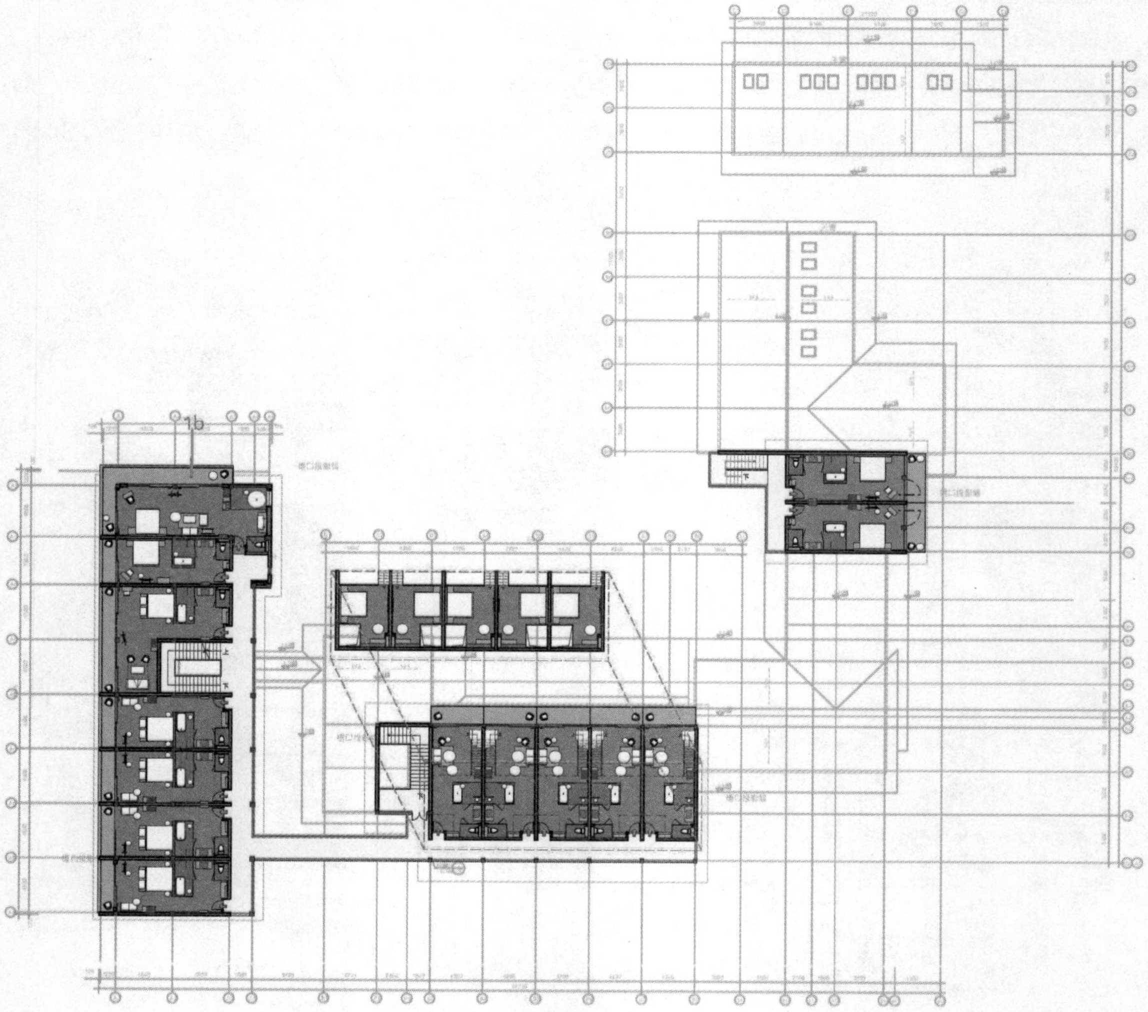

总平面图二

从“有意义”到“有意思”

清平调

世事茫茫，光阴有限，算来何必奔忙。人生碌碌，竞短论长，却不道荣枯有数，得失难量。看那秋风金谷，夜月乌江；阿房宫冷，铜雀台荒；荣华花上露，富贵草头霜；机关参透，万虑皆忘。夸什么龙楼凤阁？说什么利锁名缰？闲来静处，且将诗酒猖狂。唱一曲归来未晚，歌一调湖海茫茫；逢时遇景，舍翠寻芳；约几个知心密友，到野外溪傍；或琴棋释兴，或曲水流觞；或说些善淫果报，或论些今古兴亡；看花枝堆锦绣，听鸟语弄笙簧，一任他人情反覆，世态炎凉，优游延岁月，潇洒度时光。

皆道是：有意思

有意义，似乎是所有人的童年里都逃不过的一道作文题。多少年过去了，当儿时的“有意义”愈发遥不可及，那些被压抑的天性开始释放，认真解读自我，你会发现，其实“有意思”的人生远比“有意义”更加饱满。

空间设计在大面积保留湿地原始地貌与植被的同时，点缀了一些别样的趣味元素，户外的书屋、儿童设施、湖边的无边际泳池都为住客提供了户外休憩、赏景的据点，使其在野趣盎然的环境中也拥有一方精致舒适的小天地。

环境的有意思：从西湖到西溪

杭州被誉为“人间天堂”，是中国七大古都之一，当厚重的人文载入城市的名片，连西湖美景都成了历史的倒影，似乎只有参透风景背后的意味深长，旅行才算有意义。然而西溪堂就像对这种意义的彻底颠覆，也许有人会搬出宋高宗南渡选址建都时说的那句“西溪且留下”，添一抹人文底蕴，但事实上，西溪的价值正在于它留下的是跳脱于历史之外的自然生态和绝美意境。

空间的有意思：从“完美”到“玩美”

在“有意义”的生活空间里，有太多的“完美”主义者，完美的景观规划、完美的室内设计、完美的物件搭配、完美的陈设布局……仿佛连一杯一盏的轻微挪动都可改变空间预设的意境，身处其中的人会不由自主地拘谨起来，一举一动都小心翼翼。

设计师从不标榜“完美”，却在不断寻求“玩美”。“玩美”是把“好玩”融入空间，让入住者不为外物所役，变被动的接纳为主动的探索，真正成为空间的主人，在乐玩、雅玩、野玩中发现美、创造美、分享美。摒除复杂的设计元素，一切以自然为主。身处花间堂，体味原始的自然美。

总平面图三

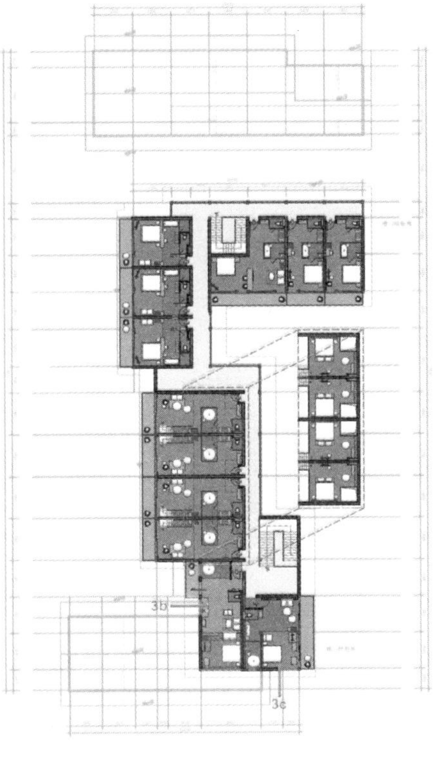

总平面图四

为了保证客房的空间最大限度的通透，设计师在所有房型内设置了大面积的立隔墙，将各个空间分隔开来。即使是卫浴设施，也被独立地放置在房间内，然后以通透的玻璃稍加阻隔。

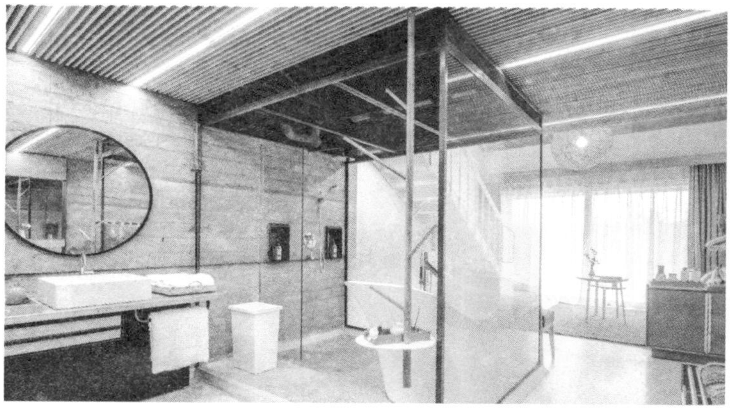

BLOSSOM HILL
HOTELS & RESORTS

阆中花间堂·阆苑

阆风苑内
无限花心动

项目名称：阆中花间堂·阆苑

地点：阆中 阆中古城

设计公司：顽筑营造

设计师：夏亨

面积：2000平方米

主要材料：再生老木，竹子等

阆中花间堂 · 阆苑位于被嘉陵江环抱的四川阆中古城内。阆中古城是与云南丽江古城、安徽歙县古城、山西平遥古城齐名的中国四大古城之一。在唐代，李世民的弟弟，滕王李元婴曾在阆中修建宫苑，名为“阆苑”，由此成为阆中的代名词，并有“天上瑶池，地下阆苑”之说。《红楼梦》中用“阆苑仙葩”描摹林黛玉，也让人们对“阆苑仙境”充满了遐想。

阆中花间堂 · 阆苑所在的院落曾是当地酿醋世家田家的大院，四川军阀杨森曾与田家大小姐在此成婚，并在那个风起云涌的年代留下了诸多旧梦遗事。宋词有云：“如梦寐，当年阆苑曾相对。休说深心事，但付狂歌醉。”如今，俗世的喧嚣与爱恨已经淡去，阆中花间堂运用正宗工法对老宅予以修复，在保有川北民居原有建筑结构的同时，融入独有的花间美学，使阆苑宛若仙境一角，带你穿越历史凡尘，感受如梦花事。

古朴的再生木只涂上黑色漆料，并无过多的人工修饰，使之更加亲近大自然，营造了朴素自然的氛围，拉近了人与空间的关系，更反映了禅宗的朴素之美和谦虚的性格。白色现代椅子也并不突兀，与之相协调的绿色抱枕，在整个朴素的空间设计中加入了俏皮的现代元素，空间瞬间灵动、轻巧起来。

客房中，大面积的开窗、隔断，可关可合。这种相互渗透与流动性的空间设计，最大程度与大自然相融，反映了禅宗的天然质朴美，给人一种最放松、最归真的感觉。空间的形体造型是简单的几何形体，去除繁琐多余的人力修饰，尽力还原物体最原始的状态，这也是禅宗思想一贯的追求。整个空间于高雅、尊贵中尽显简约之美。

千岛湖云水·格精品酒店

扁舟浮湖畔 舟游纸上
石子傍树裙 可用笔墨

项目名称：千岛湖云水·格精品酒店

地点：杭州 淳安千岛湖

设计公司：唯想建筑设计（上海）有限公司

设计师：李想

面积：3300平方米

主要材料：竹编、老木头等

扁舟浮湖畔，有风便摇曳。

石子傍树裙，依偎如初恋。

搭建一个无华的场景，上演一场温柔的邂逅。如何用船桨编制一道波粼，感受光影如梭；如何用画笔勾勒出水的表情，体会一颗心，在空气里呼吸如缠绵，像涟漪般，无可意会。

千岛湖，一个万千好山守护一方好水的地方。甲方在几年前已迷恋上这片天地，所以这个项目的载体建筑——由德国 GMP 公司设计的 12 栋 Soho 型别墅在两年前已完工，但甲方一直抱着“珍惜这片山水”的态度，没有轻易招商。

2014 年年初，在多重考虑下，甲方决定把这里打造成由自己管理的精品度假型酒店，就此开始了设计师与酒店的缘分。

12 栋建筑的设计风格秉持 GMP 公司的一贯的德式路线——干净、简洁、干练，这个前提比甲方要求的设计和施工速度快更有挑战。

设计师创想：不谈论风格，只幻想它入眼时那一刻的感受。这片山水，无法定义它的优雅与雄壮，只能把看到的、感觉到的化成缩影，融入空间。这个空间就像一个画板，我是那个画家，把我看到的画进画框。

设计的重点体现在每一组家具的形式上，家具即这出戏的主角。在大堂里，设计师用实木雕刻了两叶舟，其一被用支架悬空着，漂浮在空间里，像水已经充盈这里。船桨被艺化成屏风与摆件，配以如荷花般挺立的“飘浮椅”，再将细竹编制的网格作为吊顶，竹影透过灯光撒向白色的墙面，此即“扁舟浮湖面”。

建筑风格是现代简单干练的，结合甲方提出的速度快这一要求，设计师提出“硬装一切从简”的想法。画布与舞台从这纯白干净的基底开始，白色地板与简单白色粉饰的墙面直白地衬托出之后在这里上演的一场场室内外空间的对话，这是一幅令人意想不到的山水画，也是一出没有言语的戏剧。

客房里，以一颗石子触碰水面刹那间的波动作为沙发的形式，涟漪一般地撒出几轮优雅的弧线，成就了空间里水的动与静。设计师努力地寻找一棵树、一支藤、一颗石子、一个鱼娄，经过精细的加工，小心翼翼地确定它们的位置，就像本该出现在那儿一样，它们填补了整个构图中的主次角色。

在餐厅里，枯树嵌入墙面，结合光影的互动，一幅山林画便呈现出来。

静即是动，动即是静，动态的线条与静止的事物相互蔓延，古朴的质感与精致的雕琢相互渗透，就此演绎出一幅幻想中的山水画。

空间中的大型沙发（涟漪沙发）、创意凳子（漂浮凳）、扁舟榻（大堂座椅）、千岛湖山水茶几（影射千岛湖的自然风光、玻璃上的山形木头代表冒出水面上的山）、船桨屏风和船桨把手（用泡沫雕塑打样确认造型后，由专业的塑控机床雕制）、大堂餐厅竹编吊架（亲自选竹并与工人一起编制造型、调节编制孔眼大小）、衣柜、所有灯具，均为该酒店的原创家具设计。

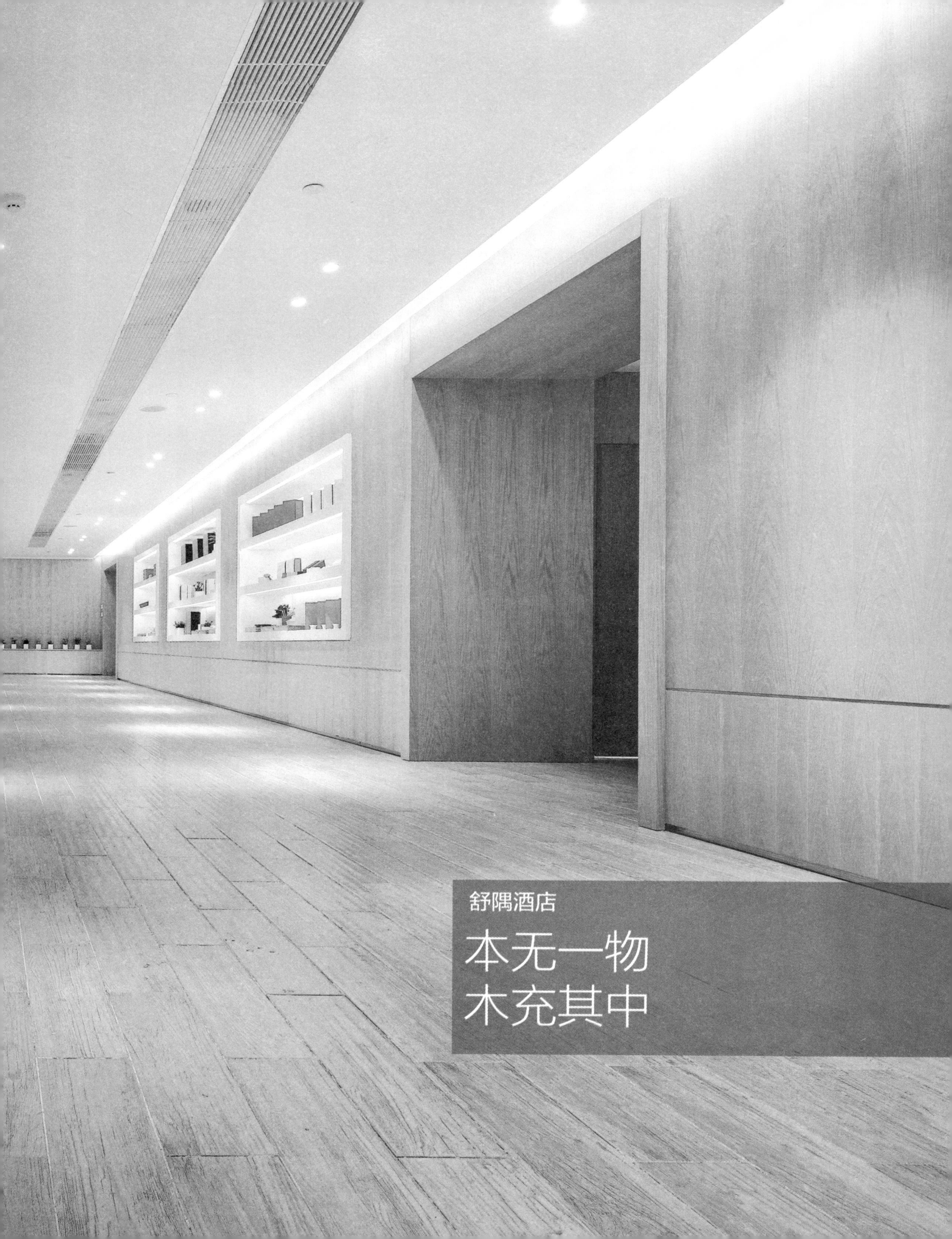

舒隅酒店

本无一物
木充其中

项目名称：舒隅酒店

地点：无锡 滨湖区

设计公司：观云空间设计

设计师：林斌

面积：8474平方米

主要材料：白橡木、金刚板、白色乳胶漆、墙纸、木纹等舒隅酒店坐落于江苏省无锡市，面积 8474 平方米，分上下 12 层，与建筑综合体相连通。该酒店定位为新派茶文化设计型精品酒店。

无锡，中国华东地区特大城市之一，经国务院首次批准的较大的市，国家历史文化名城，全国 15 个经济中心城市之一。无锡地处太湖之滨，风景绝美秀丽，历史千年悠长，是在江南蒙蒙烟雨中孕育的一颗璀璨的太湖明珠。上有天堂，下有苏杭，而“太湖佳绝处，毕竟在鼋头”这句诗正是诗人郭沫若用来形容江南名城无锡美丽风景的。

该酒店的设计理念为传承本地建筑文化和人文精神，结合当代表现手法，以自然与人为设计思路打造一个体现禅意自然思想精髓的茶文化设计型精品酒店，将城市中心的繁华喧闹与传统的静谧、写意和极致舒适、私密融为一体。

大堂：从踏入酒店大堂的一刻开始，无处不在的原木元素，让人感受在山间一样自由的呼吸。室内空间与落地玻璃外熙熙攘攘的哥伦布广场相结合，将城市中心的繁华喧闹与传统的静谧、写意和极致舒适、私密融为一体。

大堂过道：来自大自然的原木与现代化的电梯相结合，空间效果令人惊叹，舒适、便捷是酒店永恒不变的主题。

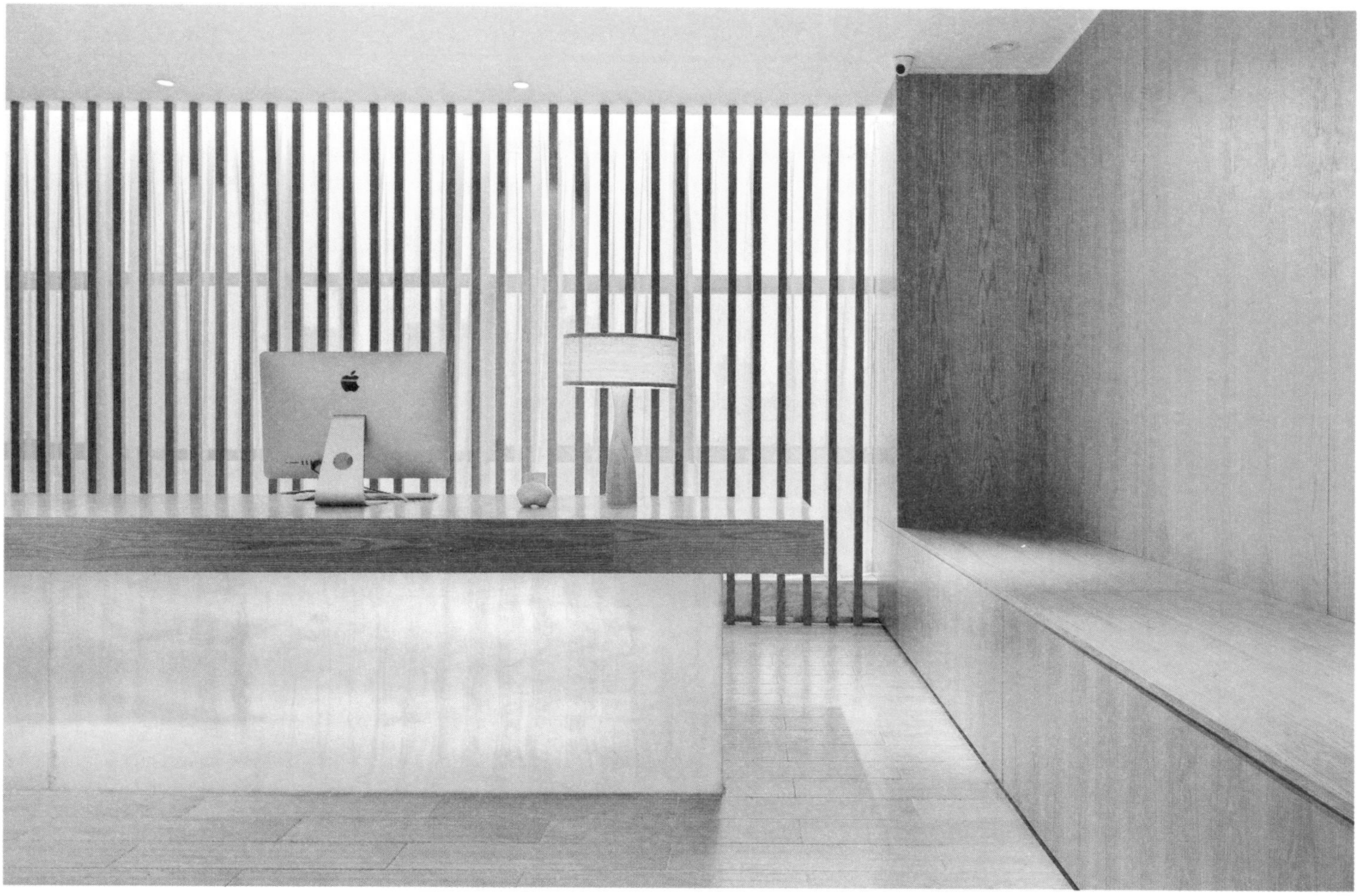

茶会所：坐拥 80 平方米的茶会所，遵循“手作自然”的茶理念，诚心打造茶主题复合空间。集看书、喝茶、小聚、会议于一体，让人尽享犹如置身山林的舒适和愉悦。

上茶包厢 酒店整体的原木风格和禅理念，让一切看起来非常和谐、自然。独创的三合一上茶包厢融合了清静悠闲的饮茶文化和现代商务文化，即使多达 30 人的大型会议，也可在轻松的氛围中完成。

小包厢之一：小型包厢是专属 VIP 的私密空间，结合当地自然柔美的人文气息，看起来简单大气又舒适惬意。

客房：精品客房以简约日式风格为主，呈现天然返璞归真的视觉基调，打造自然舒适的休憩空间。

大理古城一号院

百岁光阴能有几
但求隐于一院

- 项目名称：大理古城一号院
- 地点：大理 古城镇
- 设计公司：胡刚先生团队
- 设计师：胡刚
- 面积：6800平方米
- 主要材料：当地石材、原木、碎石等

大理古城一号院目前是大理古城唯一的庭院式度假酒店，酒店地处大理古城内博爱路南段，俯瞰大理古城全貌。71 套风格各异的别墅，背靠苍山，面朝洱海，独立的庭院风景宜人。在房间里你可以日看苍山的雪，夜赏洱海的月。庭院里的红枫叶，路边烂漫的薰衣草与传统的古屋檐在蓝天下对话。你可以看书饮茶，晒日发呆，大理的悠闲生活，自然具有如此这般风情。

酒店独特地融合了徽派建筑与当地白族民居的建筑风格，禅意浓浓的枯山水庭院，彰显出自身的与众不同。进入房间，你会立刻爱上这里，阳光洒满小小的独立庭院，抬头可见碧蓝的天空和藏不住的白云。优雅精致的装饰，柔软的床铺，大大的浴缸，柔和的灯光，室内设计显得格外温馨，一切装饰恰到好处。

走过千山万水，其实内心要的不过是一个院子，一个可观日月星辰、赏苍山洱海、品人世百态、享大隐之乐的院子。

第一次听闻这酒店的英文名字“The One”的时候，脑海中自然蹦出这几个意义，“独一无二”“一见倾心”“得天独厚”。事实上，酒店本身的外形和设计也是引人遐想和注目的。这座隐匿在大理古城内的酒店有一个古意盎然的中文名字——大理古城一号院，让人有种穿越时空隧道而来到古时大理的错觉，置身其中，这份时光错觉感或许会更强烈。

大理古城一号院地理位置极其优越，随居闹市，却有一种大隐的宁静与闲适。踏入酒店，犹如重返大理老时光的院居生活。一砖一瓦均来自当地，独特质感的石材让人触摸到古城的朴素和精致。在空间设计中，东方元素被大量运用，在简约中传达宁静的禅意，置身于此，让人身心放松。漫步庭院，各色植物映入眼帘，鲜艳夺目的花草慵懒地倚靠在典雅的白墙上，在大理湛蓝天空的映衬下，一股浪漫闲适感油然而生。

坐在房间里日看苍山的雪，夜赏洱海的月；在秋天，欣赏庭院里纷纷落下的红枫叶；夏天，散发迷人香气的薰衣草与传统屋檐在蓝天下对话……就算足不出户，也可以闲适地看书饮茶，晒日发呆，这就是名副其实的大理慢生活。

在空间设计中，设计师用色简单，从建筑到室内，都以白色为主基调，搭配玻璃、石材，营造宁静、休闲却不失高雅的空间氛围。

作为独具一格的精品度假酒店，大理古城一号院秉持姿态，它并不依靠气势磅礴的宏大建筑和奢华设施，而是用独特风格、完美细节和周到服务直撞人的内心深处，让人无法忘怀。

成都崇德里

尘封沉梦旧事
享朝露日晞

- 项目名称：成都崇德里
- 地点：成都 锦江区
- 设计公司：王亥工作室
- 设计师：王亥
- 面积：2000 平方米
- 主要材料：原始砖木结构、木结构、钢结构、混泥土、玻璃等

“里”的称谓在成都旧街巷中属少数，以城东南居多，如邻近一带的兴业里、章华里、崇德里等，其辟建得名多在20世纪之初。

据袁庭栋《成都街巷志》记载，崇德里北起中东大街，南接红石柱横街，原始无名小巷。崇德里两头入口分别筑有结实的骑楼，并建有陡而高的梯子，以通上下，供人居停。

1925年，一位名叫王崇德的商人在此“买了大部住地”，因此取名崇德里。

1938年，因战乱，洋纸和外省纸不能输入四川，著名作家李劼人在乐山开办的嘉乐纸厂在成都设立办事处，选址就在崇德里。

1939年，抗战时期，成都文化界最重要的组织“中华文艺界抗敌协会成都分会”成立，李劼人担任理事长，协会的办公处与联络处也设在崇德里。

回溯城市历史，不过百年。崇德里曾待城与市，有情有义。

崇德故里是一个主题性的设计方式，也是一种生活方式的物化记录。叙事或纪事，无论尘封故事，沉梦旧事，朝露而日晞，一纸、一物、一人、一事、一景通过“挪用”的方式转换生活。让时间因记忆而成为你生活的一部分，使设计因记忆而长驻。

崇德故里以“谈茶”“吃过”“驻下”的行为方式参与成都，让一种生活方式变为现实。

因善恶好恶，而用心尽力。一个城市正在回家的路上。

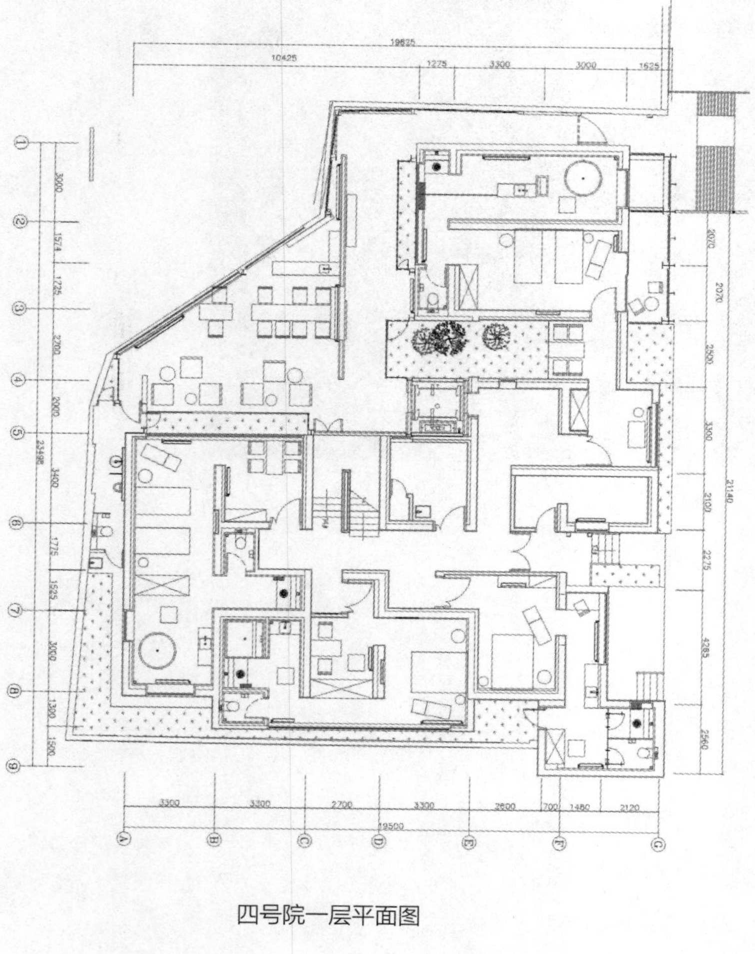

四号院一层平面图

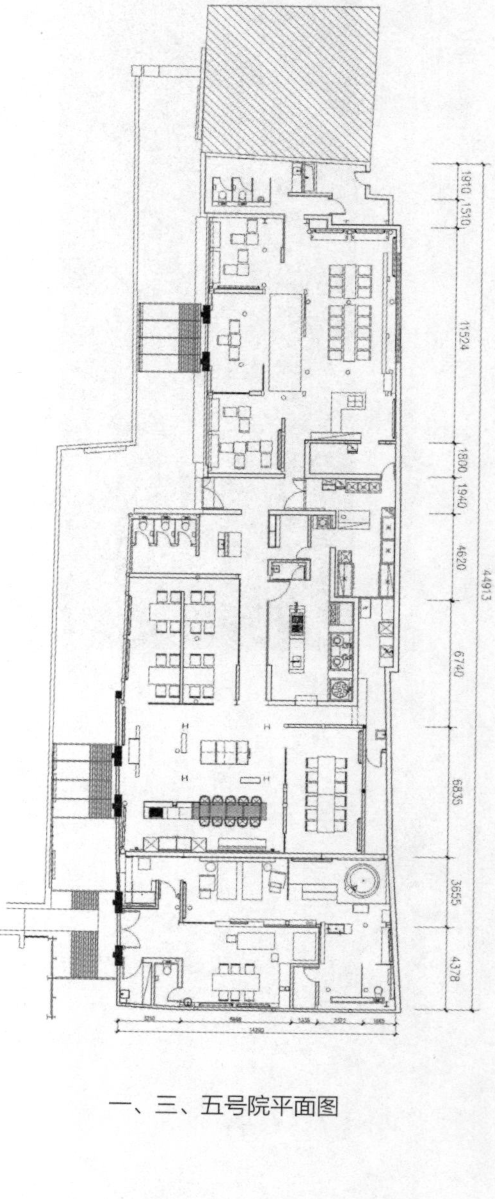

一、三、五号院平面图

吃过

三十六餐客 / 食客

崇德里三号院 / “吃过”

食舍“吃过”，三十六餐客，量决定质，以“私房菜”（或称“作者餐馆”）为经营理念。宗旨是老实做人，认真做菜，其人其菜，同出一道。做人其实与做餐馆如出一辙，如同十几年前王亥夫妇在香港做的“四川菜大平伙”餐馆。据此，四川菜大平伙与成都映象一拍即合，如法炮制。

食客，作者与作品复归本地，相得益彰。

食客“吃过”以“非食品工业化”“非社会餐饮”的方式经营，定时定量，讲究出品的最佳时段和最佳配菜，尽心尽力去做菜、待客；回归简约主义的朴素家宴，由家厨演绎，细致展示地道的成都生活与食史。

食客“吃过”与 Bulthaup 共创的“川菜工作坊”，由 Bulthaup 亚洲总代理麦迪森（香港）有限公司与崇德里故里项目合作，首次推出家居“厨房工作坊”（Kitchen Workshop）概念，与传统菜菜式一并展陈；秉承参与性与开放性的经营理念，打破传统餐饮业的烹饪形式与用餐过程的间隔，家厨与餐客互动共处。在烹饪与用餐过程中，餐客可随意转换为参与者，亲身体验烹调之精妙、用器之随心。

谈茶

坐客 / 茶舍

崇德里一号院 / “谈茶”

成都人常以“谈茶”指代“喝茶”，乃饮者之意不在茶，在乎雅聚清谈，“摆龙门阵”也。茶舍“谈茶”拟定关于历史文化的各类主题，邀请数位嘉宾聚谈于斯，灵活轻松，侃侃而谈，应为成都人雅聚之所。

茶舍“谈茶”设立一处文化沙龙，以国内和国际学界均享有盛誉的文化学者、被《中华英才》杂志誉为“中西方文化的摆渡者”张隆溪先生命名。不定期设立的“张隆溪文化沙龙”及其他口述聚谈，皆用“自媒体”形式记录辑集，录制为文献档案，作为口述史专辑留存，并供媒体采用，以达到文化传播的目的。

驻下

十二住客 / 家舍

崇德里五号院、四号楼 /“驻下”

家舍“驻下”以精品设计酒店的模式经营，包括成都体验院舍和包豪斯风格城市设计客舍两个主题，坐落在民家之中。

穿过市井通幽的巷径，进入简朴而传统的民家居住空间，比邻而居，透过窗外的风景，探寻该市别样的城中故事。“驻下”试图保留成都地道的生活场景，提供一种语语道来的叙事体验。身在其中，恍惚世外，为住客在浮躁大都市中觅得一叶岛的清净。“驻下”设施齐备，用品精致，尽得现代化与国际化之便。传统与现代并存，寻常巷陌中的深度参与，是“城市记忆”主题酒店、精品酒店意蕴之所在。

家舍“驻下”为住客提供一对一私人管家服务，并安排成都深度个性游程，使其享受旧街巷的寻常生活，细味成都特有的地域文化和历史。

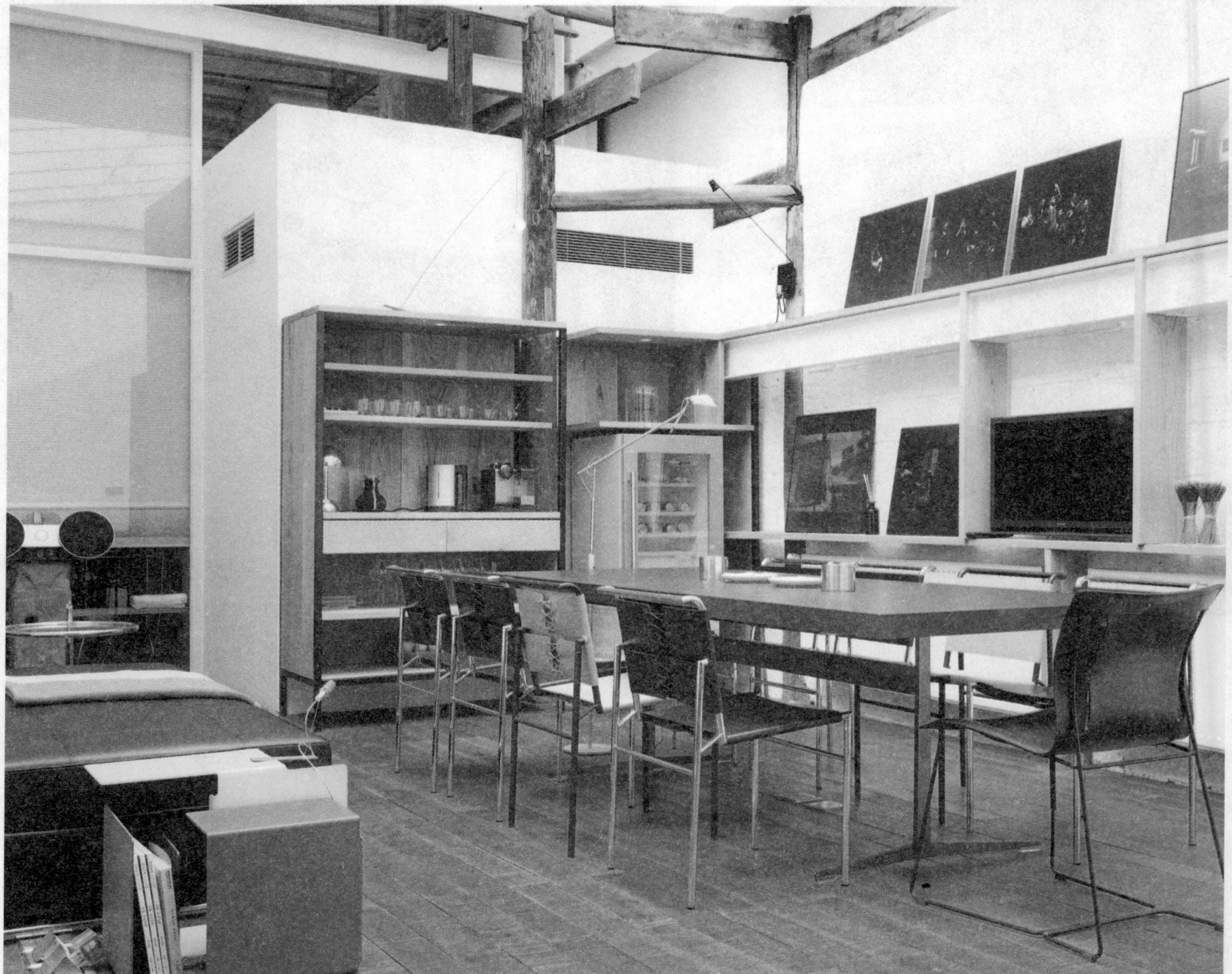

无锡灵山精舍

竹林精舍
悟悦心自足

- 项目名称：无锡灵山精舍
- 地点：无锡 灵山胜境内
- 设计公司：上海禾易设计
- 设计师：陆嵘
- 面积：9800 平方米
- 主要材料：竹、原木、青砖、自然锈斑的古铜、青石板、老木地板等无锡灵山精舍坐落于江苏省无锡市灵山胜境内，毗邻灵山大佛，总体建筑规模大约 10 000 平方米，拥有 90 间客房，掩映在一片安静的竹林之中。来这里客人可以安下心来修身养性，体悟禅境并参加精舍组织的各项与参禅相关的活动。在室内设计中，设计师以竹为母题，传承佛陀千年前在印度竹林精舍时的意境。一入大堂，带有风化感的条形木质格栅天顶、旧铜打造的前台，以及几盏竹制大吊灯让人的心一下子沉静下来。朴素的客房，简单但很精巧。透过细密的竹帘，目光可穿越到窗后禅意的小院子里。竹子的顶棚、竹子的天灯使心灵回归自然无我。茶室里的家具于简约中渗透出丝丝禅境，让客人在参茶的过程中调节心境。

灵山精舍以“禅”为主题，运用天然质朴的材料，向客人提供“禅”的教诲、“禅”的感悟、“禅”的意和境。

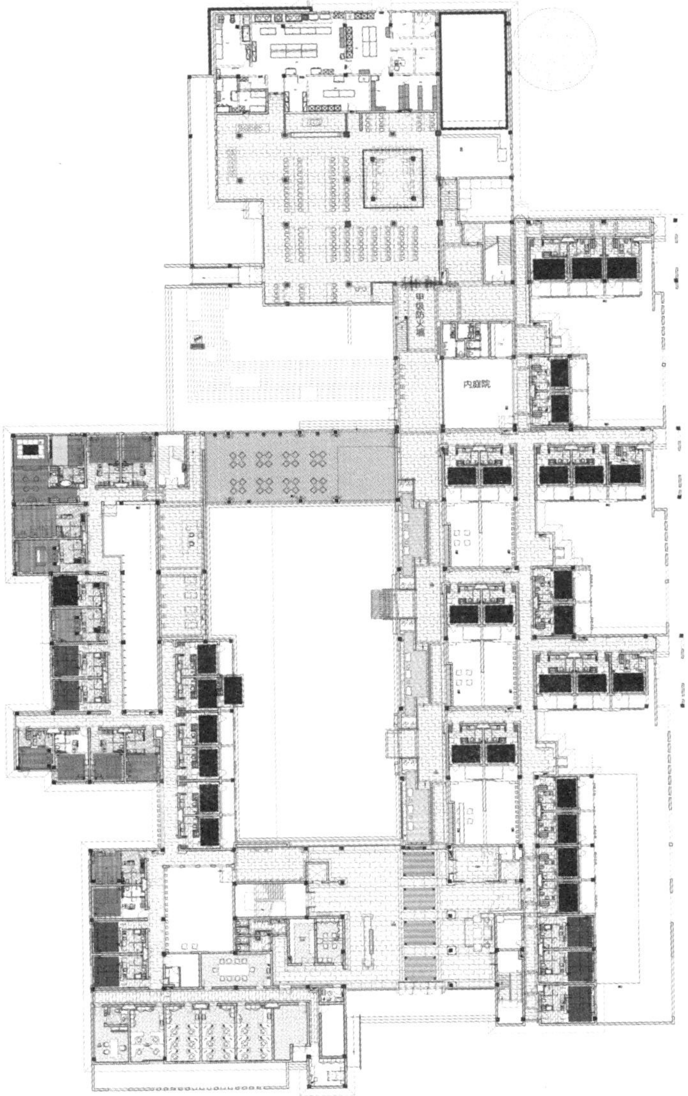

一层平面图

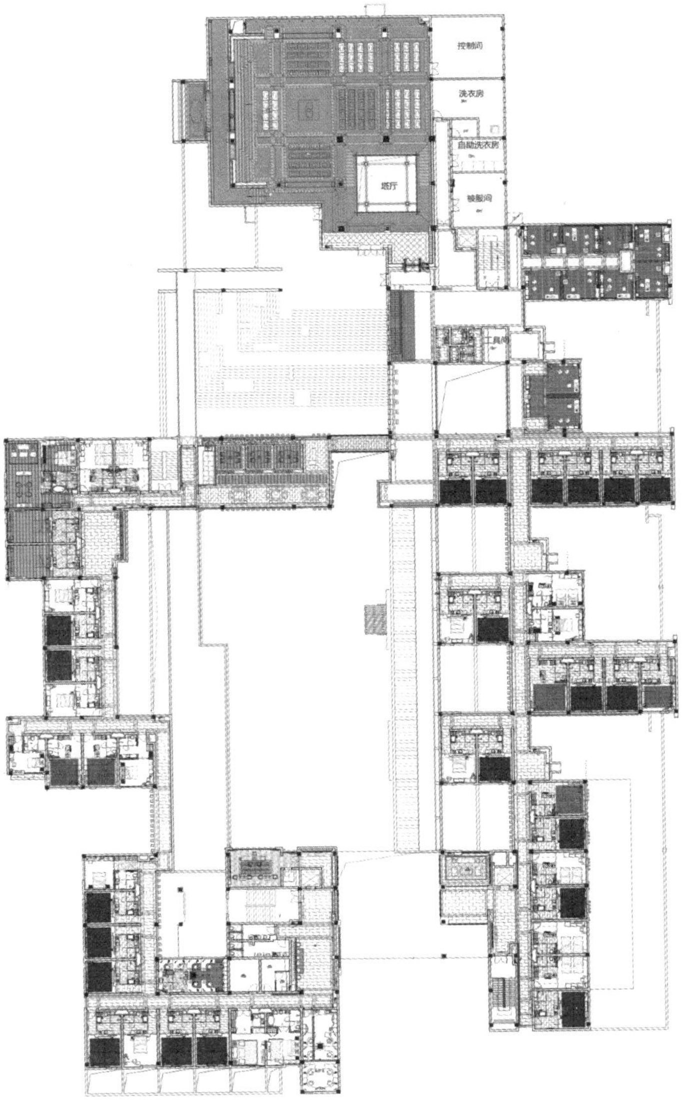

二层平面图

法云安缦度假村

浓翠蔽幽静
山深掩柴扉

项目名称：法云安缦度假村

地点：杭州 法云村

设计公司：Jaya 事务所

设计师：Jaya Ibrahim

面积：140 000 平方米

主要材料：当地石材、泥、稻草、原木等

杭州始建于2200年前的秦朝，中国七大古都之一，以诗情画意的美景著称。马可·波罗盛赞杭州为“天堂之城”。今天，杭州仍然被视为中国最美丽的城市：波光潋滟的西湖，数不胜数的古塔，历史悠久的庙宇，郁郁葱葱的植物园，广阔的天然湿地，久负盛名的龙井茶园，无不令人流连忘返。在这个充满活力的现代城市，珍贵的历史文化传统得到妥善保护——当地出产的丝绸和茶叶与几百年前一样，仍然被视为珍品。

法云安缦度假村位于西湖西侧一片幽静的山谷中。周围被农田、寺庙、竹林、和苍翠的群山所环绕。度假村内有47处居所（其中42间为客房），曲径通幽，小石铺路。度假村的设计布局保留了中国古代的村落风貌，周围的茶田堪称中国最好的绿茶产地。该度假村位于进香古道之上，周围散落着五座庙宇。联合国教科文组织正在对这些寺庙进行考察，以将其列入世界文化和宗教遗产名录。

该度假村的设计师 Jaya Ibrahim 说过：“这个村子已经很美了，所以我要做的，只是尽量保持它原来的样子。”

该度假村以“18 世纪的中国村落”为设计概念，延续安缦一贯的主题——内敛、低调、含蓄。

在浓荫掩映、翠竹环绕之间，经由一条窄道前行便至该酒店的接待总台，由此沿一条幽径即可通往各座客舍。其中，几座住宅的历史可以追溯至百年以前，所有的新建和修缮也都遵照传统工艺。修复时，白墙依然维持原色，纯墙就找来材料和老匠人将其修缮，用泥和稻草混合，并掺夹糯米，以增加黏性。砖墙瓦顶，土木结构，屋内地板为石材铺设。古老的石道连接着所有客舍。法云径是度假村的主干道，总长 600 米的人行石道通往度假村各处。度假村中，大部分客舍、餐厅、店铺、和公共设施都位于法云径两侧。法云径向公众开放，在各种传统节庆，如春节、元宵、和西湖香市时，这里是开展民俗节庆活动的理想场所。

每栋建筑结构独一无二，没有两个房间是完全相同的。在保护村落住宅风格完整性的前提下，所有客房均配备舒适的地暖、空调和无线网络设施。内饰均采用天然材料，长塌和餐桌餐椅等原纹榆木家具与空间浑然一体。深色的中式传统雕花木格将起居空间分隔得错落有致。墙上悬挂精美的书法作品，每个房间都配有能接入 iPod 的音响系统。大部分的居所都拥有私密或者半私密的庭院，可供休闲餐叙、怡情小酌。

法云舍位于古村中央，是整个原始屋舍群中最核心的建筑。两座庄严华贵的院落建筑，其历史可追溯到 19 世纪。法云舍的底楼高挑屋顶，雕花窗格，这里专为住客提供咨询指南的服务人员，他们对杭州的各处名胜古迹如数家珍。底楼还辟有一个休息区，供应传统茶点。法云舍的顶楼设有雪茄厅和两个可随意坐卧的阅读室。图书馆分置于上、下两层，收藏着大量有关中国历史和文化的中英文书籍以及文献纪录片 DVD。

后 记

润物细无声
——浅谈生活中的禅意设计

许多年前，释迦牟尼在菩提树下觉悟成佛，历经千辛万苦，传播盛果——顿悟后内心的极大满足，佛经中记载的远在西方近在眼前的完美世界。我想，如果他看到如今遍地开花的佛教徒，禅的智慧直根到每一个领域中，地球上的每个人或多或少被影响着，一定会满怀欣慰吧；如果他看到我们在苦苦追寻觉悟的路上，或蹒跚，或犹豫，触犯戒律、执迷不悟，也会有凡人般焦急、失望的心绪吗？我猜，后者才是我们与佛最大的区别吧。因此，才有参禅悟道，我们努力地通过各种方式，表达对觉悟的渴望，断除“贪嗔痴慢疑”的本性之恶，在追求性之本善和明心见性的路上一路狂奔。但愿艺术与设计的禅之修行，尽善尽美地将其领悟的智慧表达出来，将功德回向给芸芸众生。

佛是自我的觉悟，信佛是对自心和众生佛性的信任。在禅宗看来，佛和众生的差别只是迷和悟的差别。在觉悟之前，我们都生活在迷幻中，追求着本不该属于自己的外在包装，被欲望的火光吸引，飞蛾般跃起，自取灭亡。正是这个特点，成就了设计中的“减法”法则，去掉了矫揉造作的装饰花纹、金碧辉煌的视觉爆炸。相映成趣的生活方式，也在类似的设计空间中被提倡，这便是我们熟知的那种一本书一炷香的下午时光，享受时间的流动，放下追求成功、财富的心，甚至责任。我常说，我们生来以尽职尽责为楷模，为父母的养育负责，为儿女的出生负责，何时为自己负过责任呢？有人愿意静下来倾听自己内心的声音吗，有人愿意勇敢地遵从自己真实的渴望吗？周星驰的电影《西游降魔篇》里有句话说得好：“有过痛苦，才知道众生的痛苦；有过执著，才能放下执著；有过牵挂，才能了无牵挂。”能够让人顿悟的永远不是什么克制力和伪善良。或许，对待自己的责任就来自率性而为。设计的功能此时被放大开来，它永远与生活方式相互作用、相互影响，产品的禅意设计往往服务于这种方式，一款让人精心的香炉或者沙漏，将时间的流淌具象到粒子中，烟雾缥缈或沙粒微尘。在面对这种设计作品时，作为观赏者和使用者的我们，又参透了何种禅意呢？

以前，画画时老师常说，刚开始做视觉艺术是“见山是山，见水是水”，接下来练就了庖丁解牛的本领便“见山不是山，见水不是水”，到大师级别了就“见山还是山，见水还是水”。虽然截至目前我也没参透这种二元论中大师所领悟的客观物质，与我眼中山和水有什么差别，但在禅宗美学里，一元论与多元论的结合使主客观融合了，使艺术家浸入了自然，思山之所想，见水之所观，这是多么透彻的心净才能达到的境界。元代画家黄公望很好地贯彻了这种“师法自然”，他的作品《富春山居图》表达了他的顿悟：在石头、山水的眼中，千年不过一瞬间。那么禅有定义吗？自然所想有标准答案吗？佛也没有告诉我们，普通人都自有自己的理解。我常常大胆设想，那些松竹梅兰、那些取材于自然的材料或形态都肤浅地断章取义了，既然佛经中常教导我们相信自己靠自己去修行，法只是告诉我们怎样去修行怎样有正知正见，当明白了佛陀讲的真正奥义的时候连佛经都要舍弃，还有什么是应该不应该呢？那些应该不应该的、责任和失去责任的、社会合理性语言的理性方式。我只想不再拿来品评禅意，不再限制设计美学的某某规定某某原则。佛经中记载："若识众生，即是佛性；若不识众生，万劫觅佛难逢"，这讲究的是自性若悟，佛之真身储藏于自身。禅宗肯定智慧是与生俱来的，人终究会在自悟中找到，拉回大家的视角，避免大师崇拜、跪求真理的无用功，真正平心静气地自我观照。既然修佛修心，借助自力，那么那些真正发自内心的设计便是最好的禅意设计。

自古以来，参禅悟道仿佛都是文人特有的超然情怀，是出世的才子们以文会友的另一种方式。然而禅宗美学所崇尚的自然美、无我和绝对空都是通过经验获得的。玄奘翻译的《般若波罗蜜多心经》有云："色不异空，空不异色，色即是空，空即是色，受、想、行、识亦复如是。"色就是有，空就是无，也就是说，有无其实没差别，不要在形式上执着较真。因此，在禅宗的鼎盛时期，大多数人都是在家修行的，而非出家。正是希望生活体验和佛法的精妙相结合，在生活的点滴中体会、参悟，禅宗修炼的觉悟目标并非神秘得求之不得。做设计的人都有这样的觉悟，即更好地服务于人类的生活。我想，禅宗根植于设计的意义也便如此吧。一方面，洗尽一切无谓的形式作秀，为真正更便利地生活付出设计努力；另一方面，着眼于心灵上的观照，为迷茫或忧郁的生命开启哪怕片刻的心宁，既为他人顿悟助一臂之力，又成全自我修行。

最后，以我们熟知的禅宗里人人向往的"天地山水任逍遥"做个小结。但愿设计真如那山、那水、那感觉般，单纯地表达禅意，彰显设计师不带污浊的真心、勇敢地经受岁月的打磨与考验磨难，浸入对方，相互体悟，共同成长。

韩永晨
独立动画人、讲师

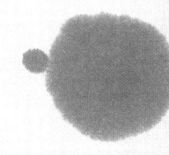

图书在版编目（CIP）数据

禅境酒店 / 凤凰空间・天津编 . -- 南京 ：江苏凤凰科学技术出版社，2016.10
ISBN 978-7-5537-7127-4

Ⅰ . ①禅… Ⅱ . ①凤… Ⅲ . ①禅宗－宗教文化－应用－饭店－建筑设计 Ⅳ . ① TU247.4

中国版本图书馆 CIP 数据核字 (2016) 第 202615 号

禅境酒店

编　　者	凤凰空间・天津
项目策划	凤凰空间／陶红
责任编辑	刘屹立
出版发行	凤凰出版传媒股份有限公司 江苏凤凰科学技术出版社
出版社地址	南京市湖南路 1 号 A 楼，邮编：210009
出版社网址	http://www.pspress.cn
总　经　销	天津凤凰空间文化传媒有限公司
总经销网址	http://www.ifengspace.cn
经　　销	全国新华书店
印　　刷	北京彩和坊印刷有限公司
开　　本	965 mm×1 270 mm　1/16
印　　张	15
字　　数	190 400
版　　次	2016 年 10 月第 1 版
印　　次	2024 年 1 月第 2 次印刷
标准书号	ISBN 978-7-5537-7127-4
定　　价	268.00 元

图书如有印装质量问题，可随时向销售部调换（电话：022-87893668）。